생명이란 무엇인가

전파과학사는 독자 여러분의 책에 관한 아이디어와 원고 투고를 기다리고 있습니다. 디아스포라는 전파과학사의 임프린트로 종교(기독교), 경제·경영서, 일반 문학 등 다양한 장르의 국내 저자와 해외 번역서를 준비하고 있습니다. 출간을 고민하고 계신 분들은 이메일 chonpa2@hanmail.net로 간단한 개요와 취지, 연락처 등을 적어 보내주세요.

생명이란 무엇인가

초판 1쇄   1988년 01월 30일
개정 1쇄   2022년 08월 09일

-

지은이   나카무라 하코부
옮긴이   강호감·손영수
발행인   손영일
디자인   장윤진

-

펴낸곳   전파과학사
출판등록   1956. 7. 23 제 10–89호
주   소   서울시 서대문구 증가로18, 204호
전   화   02-333-8877(8855)
팩   스   02-334-8092
이메일   chonpa2@hanmail.net
홈페이지   www.s-wave.co.kr
공식블로그   http://blog.naver.com/siencia

ISBN   978-89-7044-371-3(03470)

생명이란 무엇인가

나카무라 하코부 지음

강호감·손영수 옮김

전파과학사

머리말

21세기를 가리켜 바이오(Bio)의 시대라 말하고 있다. 물론 바이오는 바이오테크놀로지(Biotechnology)라든가 바이오사이언스(Bioscience)의 약어로 사용되고 있으며, 바이오란 생명이라는 뜻이다. 따라서 바이오테크놀로지는 생명공학, 바이오사이언스는 생명과학이라고 번역할 수 있다. 생명의 구조를 해명하려는 학문이 바이오사이언스이고, 그것을 인간 생활에 응용하려는 학문이 바이오테크놀로지라 하겠다.

생명은 현재까지 지구에서만 발견된 참으로 불가사의한 존재이다. 태양계 속에서 지구에 가장 가까운 천체인 달이나 화성에도 생명이 존재하지 않을까 하여 미국과 소련(현 러시아)이 탐사를 했었지만 결국 아무것도 발견하지 못했다. 그런 의미에서 지구의 생명은 정말 귀중한 것이라 할 수 있다.

그렇다면 그 지구의 생명은 언제, 어떻게 생겨났을까? 왜 생명은 지구에서만 태어나고 자랐을까? 현재의 지구 위에는 130만 종류 남짓한 생물이 살고 있다. 왜 이토록 많은 종류가 있을까? 이 생물 사이에는 어떤 공통적인 구조가 있을까? 이 생물들은 서로가 어떤 관계를 유지하며 살고 있을까?

여러분의 머리에는 생명에 관한 의문이 줄을 이어 솟아나고 있을 것이다.

현재의 생명연구는 매우 미세하고 깊은 데까지 진보해 왔다. 그러므로 학자라 할지라도 전문분야가 다르면 도무지 이해가 안 된다고 할 만큼 생명의 연구는 큰 진보를 이룩하고 있다. 그 때문에 중학생이나 고교생, 일반인에게 있어 생명과학은 점점 더 난해한 것으로 되어가고 있으며, 이것이 또 이런 사람들의 흥미를 생명과학으로부터 멀어지게 하는 결과로도 이어지고 있다.

그래서 필자는 현재의 생명과학에 관한 방대한 지식을 정리해, 좀 더 알기 쉽게 전달할 수 있는 길이 없을까 하고 오랫동안 궁리해 왔다. 이런 생각 아래서 뜸 들이고 발효시켜 온 것을 정리한 것이 이 책이다.

이 책에서는 극히 중요한 것을 제외하고는 되도록 전문용어를 쓰지 않으면서 알기 쉽게 설명하려고 애썼다. 또 이 책은 생명의 구조와 응용에 관한 여러 가지 문제를 50개 항목으로 나누어 해설했다. 그리고 그 항목도 각각 독립된 형식으로 읽을 수 있게 정리했다. 따라서 각 항목에 든 표제에 대해서는 그 항목 속에서 정확하게 설명하고 있다. 즉 사전 형식으로 엮여 있다. 또 책머리의 그림에는 세포의 그림과 생물진화의 계통도를 실어 두었다. 이것들을 먼저 살펴보고 대체적인 이미지를 파악한 뒤에 본문을 읽어 나가면 한층 내용이 알기 쉬워질 것이라고 생각한다.

내용에 있어서는 되도록 생명 구조의 근본을 캐고, 생물사회의 성립과 그 역사적 유래를 설명한 뒤에, 현재 활발하게 추진되고 있는 바이오테크놀로지가 어떠한 생명의 원리를 바탕으로 응용되고 있는가에 대해 해설했다. 현재 우리 생활은 생명과학을 비롯하여 자연과학 속에 흠뻑 잠겨 있으며 생활의 구석구석까지 과학기술이 침투하고 있다. 그 때문에 여러분도 잘 알다시피 과학기술은 여러 가지 사회문제를 일으키고 있을뿐더러, 장래에는 그것이 더욱 심각해질 우려마저 있다. 이것을 기회로 여러분도 이 문제에 대해 한번 곰곰이 생각해 보길 바란다.

이 책을 완성하는 데 있어 다양한 책에 도움을 받았다. 또 사진의 촬영, 정리와 이 책의 편집에서도 많은 분의 신세를 졌기에 이 지면을 빌어 모든 분에게 깊이 감사드린다.

나카무라 하코부

차례

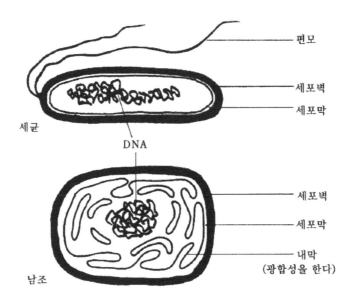

편모

세포벽
세포막

세균

DNA

세포벽

세포막

내막
(광합성을 한다)

남조

• 원시적인 세포 •

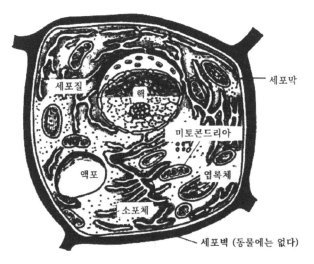

핵 : 유전자(DNA)를 함유
미토콘드리아 : 호흡을 한다
엽록체 : 광합성을 한다 (동물에는 없다)
소포체 : 단백질을 만든다

• 진화한 세포(식물세포) •

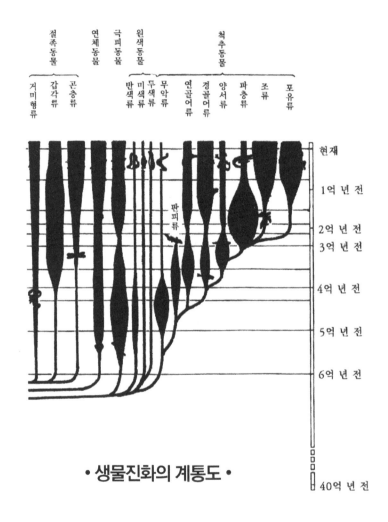

• 생물진화의 계통도 •

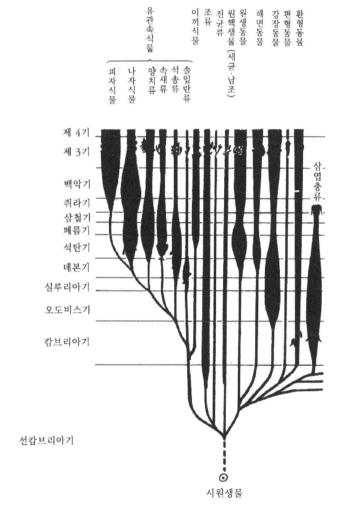

환형동물
편형동물
강장동물
해면동물
원생동물
원핵생물 (세균·남조)
진균류
조류
이끼식물
유관속식물
　솔잎란류
　석송류
　속새류
　양치류
　나자식물
　피자식물

제4기
제3기

백악기
쥐라기
삼첩기
페름기
석탄기
데본기
실루리아기
오도비스기
캄브리아기

삼엽충류

선캄브리아기

시원생물

1. 생명의 정의 ―삶과 죽음―

생명이란?

생명, 삶, 또는 목숨이라는 말은 일반 사회에서는 참으로 여러 가지 뜻으로 이해되고 있다. 삶(生)이란 죽은 동물이나 식물, 무생물과 구별되는 것으로 수명, 영혼, 인생, 생기 등등의 의미도 가지고 있다. 그만큼 이 말은 태곳적부터 우리 생활 속에 깊숙이 파고든 말이다.

그것은 또 민족이 다르면 해석도 달라진다. 예를 들어 영어에서는 이 것에 해당하는 말로 라이프(Life)가 있다. 구미(歐美)에서는 그 의미가 더 넓어져 인간 생활이니, 인류의 생존이니, 그리스도교의 하느님이라는 등의 뜻이 더해진다.

이와 같이 넓은 의미를 담은 말은 달리 없을지도 모른다. 따라서 생명에 대해 사람들과 이야기를 나누다 보면, 이야기가 맞물리지 않고 어긋나는 일이 종종 있다. 그것은 서로 생명이라는 말의 정의가 다르기 때문이다.

여기서는 물론 자연과학적인 의미에서 생명이라는 말을 쓰기로 하지만, 그래도 이것을 명확하게 정의하기란 여간 어려운 문제가 아니다. 좀 더 명확히 말한다면 정의하는 자체가 불가능한 일이라고 말할 수밖에 없다.

생사의 판단

지금 여기에 벌레가 있다고 하자. 여러분은 이 벌레가 살았는지 죽었는지를 어떻게 판정할까? 아마 움직이지 않으면 그 벌레는 죽었다고 말할 것이다. 그렇다면 식물은 설사 살아 있다고 해도 안 움직이지 않느냐라는 반론이 나온다. 즉 움직이느냐 움직이지 않느냐는 것은 생사의 판정 기준이 되지 않는다는 것이다. 그렇다면 다음에는 더 구체적인 이야기를 들어 삶과 죽음을 설명하기로 하자.

지금 교통사고로 사람이 쓰러졌다. 달려온 의사는 이 사람의 생사를 어떻게 판정할까? 무엇보다 먼저 의사는 그 사람이 숨을 쉬고 있는지 어떤지를 진단할 것이다. 예로부터 "숨을 거둔다"라고 하여 일반적으로 흔히 생사를 구별하는 데 써 온 기준이다. 의사는 또 맥박을 조사한다. 즉 심장이 움직이고 있는지 어떤지를 조사한다. 그리고 다음에는 회중전등을 눈에 비춰 동공이 빛에 반응하여 닫히는지 어떤지를 조사할 것이다.

호흡운동, 심장수축, 거기에다 동공반사 이 세 가지 진단은 현재의 법적인 생사의 판정 기준이다. 만약 이 모든 것을 "부정"하는 결과가 나오면 의사는 사망진단서를 쓰게 된다. 바꿔 말하면 이것으로 그 "개체"는 죽은 것이 된다.

이때 그 시체를 바로 해부하여 심장을 끄집어낸 다음 적당한 처치를 가해 주면, 심장은 수축운동을 시작하며 혈액 펌프로서의 기능을 발휘할 것이다. 바꿔 말하면 개체는 죽었는데도 심장은 아직 훌륭하게 살아 있다고 할 수 있다.

이번에는 이 심장을 메스로 잘게 썰어 보자. 이미 심장은 기관으로서의 형체가 없어지고 기능도 갖지 않기 때문에 단순히 썰린 살 토막이 되어 버렸다. 그러나 이 살 토막을 취해 현미경으로 관찰하면 심장의 세포는 모두 일정한 리듬으로 수축운동을 하고 있다. 또 그 세포의 호흡을 측정하면 산소를 흡수하고 이산화탄소를 배출하는 호흡작용을 하고 있다. 심장의 세포는 살아 있는 것이다. 개체가 죽고 심장이 죽었는데도 세포는 아직 생명 활동을 계속하고 있는 것이다.

그렇다면 이 사람의 삶과 죽음은 어떻게 해석해야 할 것인가? 일반 사회에서는 당연히 개체의 죽음을 가지고 그 사람의 최후라고 말하게 되는데, 생물학이나 이식의학(移植醫學) 분야에서는 오히려 세포라든가 기관의 레벨에다 생사의 기준을 두고 있다. 이와 같이 삶과 죽음의 문제는 과학적으로 봐도 간단히 해결되지 않는다.

생명의 단위

그러나 여기서 중요한 것이 있다. 그것은 세포가 파괴되었으면 거기에는 이미 생명이 없다고 하는 관점이다. 즉 세포는 생명으로서의 기본적인 현상을 나타내는 최종적인 구조체이다. 그런 의미에서 세포는 생명의 단위라고 말할 수 있다.

이 지구 위에 살고 있는 모든 생물의 모든 세포가 공통으로 지니고 있는 생명의 기본적인 성질에는 어떤 것이 있을까? 여러분도 함께 생각해 보자.

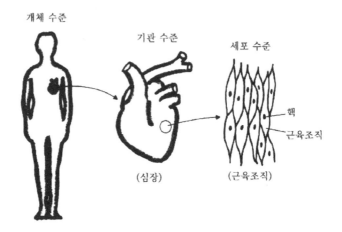

개체 수준

기관 수준

세포 수준

핵

근육조직

(심장)

(근육조직)

그림 1 | 각 레벨에서의 삶과 죽음

우선 생명은 살아가기 위해 필요한 에너지를 생산하는 장치(에너지 대
사)를 움직여 자신을 유지하기 위한 장치(물질대사)를 회전시키고 있다. 또
생물은 자신과 똑같은 세포나 개체를 만들어 내는 복제 능력, 즉 증식이
가능하다. 그리고 셋째로 생명은 유전자(DNA)를 갖고 있어 시대와 더불어
자꾸 진화한다. 생명은 이 세 가지 성질을 동시에 갖추고 있어야 하는 것
이다.

2. 유전자의 세포 지배

어버이와 자식

왜 아이는 양친을 닮는 것일까? 이 의문은 태곳적부터 사람들이 품어 왔다. 그런 가운데 생각한 것이 양친으로부터 자식에게 무엇인가 "양친을 닮게 하는 것"이 전달되고 있을지도 모른다는 것이었다. 그것이 전해진다는 것이 확실하다면, 당연히 그것은 성(性)의 교배(交配)를 통해 이루어진다는 데 생각이 미쳤을 것이다.

그래서 이와 같이 양친에게서 자식으로 전달되는 가공의 존재에 대해 유전자라는 이름이 붙었다. 「콩에서 콩 나고 팥에서 팥 난다」라는 속담은 양친의 유전자가 자식으로 전달되고, 그것이 자식의 성질을 결정해 버린다는, 옛사람들의 소박한 유전지식을 나타내고 있는 것이다.

그런데 양친의 성질이 자식에게 전달되는 것은 인간에게만 국한된 이야기가 아니다. 모든 생물에 대해서도 이와 같이 말할 수 있다. 자연계의 생물 중에는 수컷과 암컷의 구별이 없고, 따라서 교배를 하지 않는 것도 많다. 이런 것들은 모두 단세포생물로서, 이를테면 세균은 거의 모든 종류가 성이 없다. 이와 같은 생물에서는 세포분열에 의해 자손을 증식하고 있는데, 이 경우에도 양친의 성질은 자식에게 전해지고 있다.

인간처럼 성을 가진 생물도 세밀하게 관찰하면 단세포생물과 마찬가지로 세포분열이 유전의 주역이다. 정자라든가 난자(알)라는 생식세포 사이에서 융합(수정)이 일어나고 그 결과로 생긴 수정란이 출발점이 되어 세포분열을 반복하여 개체를 만든다. 그리고 다시 수컷의 생식기관에서는 정자가, 암컷의 생식기관에서는 알이 만들어진다.

유전자

옛날에는 유전자가 상상의 존재였으나 지금에는 명확한 물질로서 추출되고 있고 그 화학구조도 결정되어 있다. 그리고 이 지구 위에 살고 있는 생물은 예외 없이 유전자를 갖고 있다. 이 유전자의 덕분에 오늘날의 인간은 내일도 인간인 아이를 낳을 수가 있고, 원숭이의 새끼는 역시 원숭이로 태어날 수 있는 것이다. 당연한 일이라고 생각할지 모르나, 생물체를 만들 때는 거기에 언제나 유전자의 명령대로 움직이는 복잡하고 불가사의하리만큼 정교한 생명의 장치가 있다.

유전자는 그 생물의 체형과 성질을 자손에게 전달하는 유전의 역할만 담당하고 있는 것이 아니다. 우리가 지금 살아 있는 이 순간에도 유전자는 활동하고 있다. 단세포생물은 물론 세포의 집합체인 다세포생물도 그 세포 속에서는 유전자가 활동하고 있다. 그 세포는 실은 화학공장과 같아서 매우 많은 종류의 화학반응이 일어나고 있다. 그 반응은 세포의 상황에 따라 크게 다르지만, 아마 수천 종류의 화학반응이 언제나 일어나고

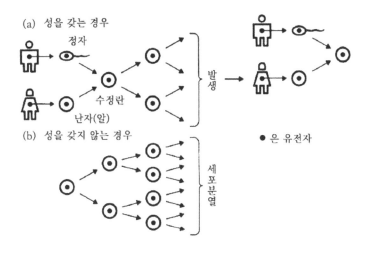

(a) 성을 갖는 경우
정자
수정란
난자(알)
발생

(b) 성을 갖지 않는 경우
세포분열

● 은 유전자

그림 2 | 유전자의 유전방법

있을 것이다. 세포의 생명은 이처럼 수많은 화학반응의 통제된 총화로 나타나는 것이다.

그렇다면 이 화학반응은 누가 움직이고 있는가? 누가 이것들을 통솔하고 있는가? 그것은 모두 유전자가 하고 있는 일이다. 왜냐하면 세포 속의 화학반응은 각각 일정한 효소에 의해 진행되고 있고, 효소 하나하나는 일정한 유전자의 지배 아래서 합성되고 있기 때문이다. 인간이 살아가기 위해서는 10만 종류의 효소가 작용한다고 하므로, 그들 효소의 작용을 조절하는 유전자 등을 포함한다면, 우리 몸속에서 실제로 작용하고 있는 유전자의 수는 훨씬 더 많을 것이다. 이와 같이 생명의 구조는 복잡하고 정밀하다.

멘델의 법칙

생물의 세포 속에서는 이처럼 매우 많은 유전자가 내포되어 있는데, 우리 인간의 경우라면 모든 유전자는 정자와 난자를 통해서 양친에게서 자식으로 전달된다. 그런데 양친의 유전자가 조합되는 방법과 아이에게 나타나는 형체나 성질(형질) 사이에는 일정한 규칙이 있다. 그것이 유명한 "멘델의 법칙"이다. 다음과 같이 이를 요약해 설명하겠다.

우선 첫째는 "우성(優性)법칙"이라 불리는 것이다. 이것은 아이에게 양친의 성질 중 어느 쪽 것이 나타나느냐 하는 것으로, 아이에게 나타난 쪽의 성질을 우성이라 한다.

둘째는 "분리(分離)법칙"이다. 아이의 몸에는 양친으로부터 받은 두 가지 유전자가 포함되어 있는데, 생식세포가 만들어질 때는 이것들이 갈라져서 각기 따로따로 생식세포에 들어간다고 한다.

세 번째 법칙은 "독립(獨立)법칙"이다. 이것은 유전자가 그 작용을 하는 데 있어 서로가 방해하지 않는다는 것이다.

자연계에서는 다소의 예외가 있으나 일반적으로 이 세 가지 규칙을 좇아 유전자가 자손에게 전달된다. 이 법칙은 멘델(G. J. Mendel)이 발견하고부터 35년 후에야 비로소 세상의 인정을 받게 되었다.

3. 유전자는 DNA

유전인자

　생물에게는 양친으로부터 자식에게 유전되는 여러 가지 형질이 있다. 그것은 세포 속에 이와 같은 형질을 결정하는 인자(因子)가 있기 때문이다. 이 인자에 대해 예로부터 많은 사람들이 이름을 붙여 놓고 있었다. 이를테면 멘델은 엘리먼트(element), 드 브리스(H. De Vries)는 판겐(pangen), 요한센(W. L. Johannsen)은 진(gene)이라 불렀다. 현재는 "진"이 널리 쓰이고 있는데 우리말로는 "유전자"로 번역되어 있다. 이것들은 모두 입자(粒子)라는 뜻이 담겨 있다.

　유전자는 세포 안 어디에 있을까? 이것은 오랫동안 수수께끼였다. 고등생물의 체세포분열을 현미경으로 관찰하고 있노라면, 염색체의 움직임이 상상하는 유전자의 그것과 같다는 점, 또 생식세포에서는 염색체 수가 절반으로 되어 있다는 점 등에서, 만일 유전자가 존재한다면 그것은 염색체 속에 있을 것이 틀림없을 것이라고 모두가 생각하고 있었다. 그런데 아무리 찾아봐도 유전자의 입자는 거기에 없었다.

　그렇다면 유전자의 정체는 무엇인가? 이것도 숱한 노력에도 불구하고 깜깜했다. 그러나 일반적으로 유전자는 단백질일 것이라고 생각하고 있었다. 그것은 유전자가 표현하는 갖가지 형질에 대응될 만한 다양한 기능을 가진 것으로 옛날에는 그것밖에 생각할 수 없었기 때문이다. 그러나 그것이 유전자로 불리는 데는 다음의 네 가지 성질을 갖추고 있어야 했다.

(1) 하나의 유전자는 한 가지 성질을 결정한다.
(2) 세포분열 즈음해서는 똑같은 유전자가 복제된다.
(3) 화학적으로 안정적이며, 드물게 일어나는 돌연변이에 의해서만 변화한다.
(4) 양친으로부터 온 유전자 사이에서 재조합이 일어난다.

DNA

그런데 답은 뜻하지 않은 방향, 즉 폐렴을 일으키는 병원균의 연구에서부터 나왔다. 이 폐렴균(S균이라 부르기로 한다)에서는 드물게 해가 없는 균(R균이라 부르기로 한다)이 태어난다. 지금, 죽인 S균으로부터 DNA(데옥시리보핵산)라는 물질을 추출하여, 그 DNA 용액에 R균을 담가두면 R균이 S균으로 바뀐다. 즉 S균의 DNA에는 폐렴을 일으키는 인자가 함유되어 있어 그것이 R균에 들어가면, 이 해가 없는 균이 폐렴균으로 바뀌어 버리는 것이다. 단백질에도 지방질에도 이와 같은 성질은 없었다.

1944년에 에이버리(O. T. Avery)는 이 실험결과를 보고서 "DNA는 유전자다"라는 결론을 내렸다. 그러나 당시의 학계는 이 논문을 계속 무시

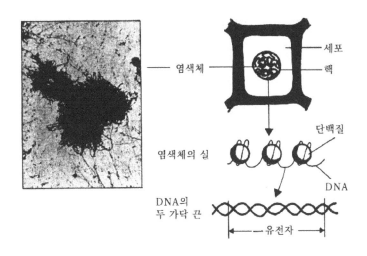

그림 3 | 세포의 핵 속에 있는 염색체와 DNA

했고, 이 같은 위대한 발견에도 불구하고 그에게는 노벨상도 주어지지 않았다. 이것은 "너무 일렀던 발견"이라고나 할까. 멘델의 경우에도 그랬지만 지나치게 선구적인 쾌거에 대해, 학계가 좀처럼 따라가지 못하는 일은 자연과학뿐만 아니라 다른 분야에서도 흔히 있는 일이다.

그러므로 DNA가 유전자로서의 시민권을 얻게 되기까지에는 10년이라는 긴 세월이 더 걸려야 했다. 그런데 사실 이 DNA라는 물질 자체는 1869년, 즉 이보다 75년이나 전에 이미 미국의 미셔(J. F. Miesher)라는 사람에 의해 추출되어 있었던 것이다. 이것은 멘델의 유전법칙이 발견되고 4년 후의 일이다. 미셔는 이것을 고름(백혈구의 시체) 속에서 핵에 함유되어 있는 산성물질로서 추출했던 것이다. DNA는 세포 속에서는 거의 화학변화를 일으키지 않기 때문에 생화학자(生化學者)의 입장에서는 전혀 흥미가 없는 물질이었을 것이다(화학적으로 안정하다는 것이 사실은 유전자의 중요한 성질인데도).

현재는 DNA가 확실히 핵의 염색체를 만들고 있는 주성분이라는 것을 알고 있고, 미토콘드리아라든가 엽록체 속에도 아주 미량이나마 함유되어 있음을 안다. 그러나 추출하여 화학구조를 조사해 보자, 그림에서 볼 수 있듯이 그것은 입자가 아니라 두 가닥의 끈이 새끼줄처럼 기다랗게 꼬인 것이었다.

이중나선

이 새끼줄 구조를 보통 "이중나선(二重螺線)"이라 부르고 있다. 그것이 얼마나 긴 것이냐고 하면, 대장균에서는 전체 길이가 1mm로 몸길이의 200~300배나 된다. 인간에서는 46개(염색체 수)로 나뉘어 있는데 이것을 이으면 전체 길이가 1.8m나 된다. 이것이 몸의 60조 개나 되는 세포에 모두 함유되어 있는 것이다. 더구나 이것은 세포보다 작은 핵 속에 모두 들어 있으므로, 핵은 마치 DNA라는 털실로 만들어진 공이라고 생각해도 된다.

세포분열 때는 이 털실이 잡아 당겨져서 염색체라는 막대 모양의 덩어리가 된다. 그렇다면 도대체 이 새끼줄 어디에 하나하나의 유전자가 들어 있을까? 그것은 입자가 아니라 새끼줄의 어느 범위인 것이다.

생물은 진화할수록 DNA가 길어진다. 그러나 흥미로운 것은 DNA가 길어질수록 기능을 발휘하지 않는 부분도 많아진다는 점이다.

4. 유전 암호

DNA의 암호

암호라는 것은 당사자나 전문가가 아니면 알 수 없는 기호이다. DNA도 그러하여 전문가가 아닌 사람에게는 알 수 없는 네 가지 기호 A, G, C, T로 구성되어 있는 암호이다.

이 네 가지 기호만으로 어떻게 수많은 여러 가지 표현이 가능할까 하고 좀 신기하게 생각할 것이다. 가·나·다·라의 네 글자를 써서 문자의 배열을 만들어 보자. 단지 4개의 문자로 배열 순서를 바꾸어 가는 것인데, 실제로 해보면 놀라울 만큼 다양한 배열이 가능하다. 지금 4개의 문자로 10자리 수를 만든다면 몇 가지 방법의 조합이 가능할까? 답은 4^{10}으로 100만을 넘는 수가 된다. 한 개의 유전자는 평균적으로 DNA 위에 약 1000개의 기호가 배열되어 있으므로 거기서 생겨나는 배열의 종류, 즉 유전자의 종류는 천문학적인 수에 이른다.

그런데 유전자의 가장 중요한 기능의 하나는 세포가 단백질을 합성할 때 아미노산의 배열방법을 결정하는 일이다. 그러므로 우리의 몸을 형성하고 있는 단백질의 아미노산 배열방법은 모조리 우리의 유전자가 결정하고 있다. 설사 우리가 쇠고기나 돼지고기를 먹었다고 하더라도, 몸의 세포 속에서는 우리 자신의 살(단백질)로 변해 있을 것이다. 어떤 고기라도 입으로 들어간 단백질은 모두 아미노산으로 분해되고, 혈액을 통해 각 세포로 운반되어, 우리의 유전자의 지배하에 개조되고 있다.

아미노산의 배열

그렇다면 유전자는 어떻게 단백질의 아미노산 배열을 결정하고 있을까? 그것은 DNA 속 문자의 배열과 아미노산의 종류가 정확하게 대응하게 되어 있기 때문이다. 실제는 3문자의 배열이 하나의 아미노산을 지정하고 있다. 이를테면 AAA라면 페닐알라닌이라는 아미노산을, AGA라면 세린이라는 아미노산을 만들고 있는 것이다. A, G, C, T의 4문자 중에서 3문자씩을 추출하여 배열하면 4^3, 즉 64가지 방법이 생긴다. 실제로 세포 속에는 64가지의 아미노산을 지정하게 하는 구조가 만들어져 있다.

이와 같이 아미노산을 지정하는 3문자의 연속 부호를 유전 암호라고 부른다. 그러므로 전문가는 DNA 속 문자의 배열을 보면 이 유전자가 어떤 아미노산 배열을 가진 단백질을 만드는지 알 수 있다. 실제로 살아 있는 세포에서는 DNA가 직접 단백질의 아미노산 배열을 결정하지 않고, DNA의 복사물질(mRNA)이 그 중개역을 하고 있다. 세포 속 DNA는 핵으로부터 바깥으로 나오지 못하고, 단백질의 합성공장은 핵 바깥에 있기 때문에, 단백질을 합성하려면 핵 속에서 DNA의 전사(복사)를 떠서 그것을 현장인 공장으로 가져가야 하는 것이다. 이 전사가 DNA의 대역을 한다.

이 전사기계는 DNA 속의 A는 U로, G는 C로, C는 G로 또 T는 A로 바꿔 읽는다.

암호표

〈그림 4〉에 암호표를 나타냈다. 이 표는 전사(mRNA)에 맞춰 놓은 것이므로, 이 해독 규칙으로부터 본래의 DNA 암호를 알 수 있을 것이다. 표

DNA로부터 mRNA로의 고쳐 읽기

DNA		mRNA
A	⟶	U
T	⟶	A
C	⟶	G
G	⟶	C

mRNA 위의 암호	대응하는 아미노산	mRNA 위의 암호	대응하는 아미노산	mRNA 위의 암호	대응하는 아미노산	mRNA 위의 암호	대응하는 아미노산
UUU	페닐알라닌	UCU	세린	UAU	티로신	UGU	시스테인
UUC	페닐알라닌	UCC	세린	UAC	티로신	UGC	시스테인
UUA	루이신	UCA	세린	UAA	(없음)	UGA	(없음)
UUG	루이신	UCG	세린	UAG	(없음)	UGG	트립토판
CUU	루이신	CCU	풀로린	CAU	히스티딘	CGU	아르기닌
CUC	루이신	CCC	풀로린	CAC	히스티딘	CGC	아르기닌
CUA	루이신	CCA	풀로린	CAA	글루타민	CGA	아르기닌
CUG	루이신	CCG	풀로린	CAG	글루타민	CGG	아르기닌
AUU	이소로이신	ACU	트레오닌	AAU	아스파라긴	AGU	세린
AUC	이소로이신	ACC	트레오닌	AAC	아스파라긴	AGC	세린
AUA	이소로이신	ACA	트레오닌	AAA	리신	AGA	아르기닌
AUG	메티오닌	ACG	트레오닌	AAG	리신	AGG	아르기닌
GUU	발린	GCU	알라닌	GAU	아스파라긴산	GGU	글리신
GUC	발린	GCC	알라닌	GAC	아스파라긴산	GGC	글리신
GUA	발린	GCA	알라닌	GAA	글루탐산	GGA	글리신
GUG	발린	GCG	알라닌	GAG	글루탐산	GGG	글리신

그림 4 | 유전 암호표

를 보면 여러 가지 별난 점을 보게 된다. 우선 하나의 아미노산에 대해 여러 개의 암호가 대응해 있다. 그런가 하면 한 종류의 아미노산에 한 종류의 암호밖에 대응하지 않는 것도 있다. 그 이유는 전체 암호는 64종류가 있는데도 단백질을 만드는 아미노산은 20종류밖에 없기 때문이다. 매우 조잡하고 낭비가 많은 암호표라고 생각되지 않겠는가.

그다음 UAA, UAG, UGA에는 대응하는 아미노산이 없다. 이것들은 유전자의 최종점에 사용되는 암호이다. 즉 단백질 합성의 종점을 가리킨다. 또 AUG는 단백질 합성의 개시점을 가리키는 암호이다. 미토콘드리아에 포함되는 DNA는 이 암호표와는 조금 다른, 말하자면 지방의 사투리가 있는 셈인데, 이것들을 제외하면 이 지구 위에 살고 있는 모든 생물이 이 암호표를 사용하여 단백질을 만들고 있다.

따라서 이 암호표는 이 지구 위에서 생명이 탄생한 지 얼마 안 되는 이른 시기였거나 어쨌든 굉장히 빠른 시기에 완성되었던 것이 확실하다. 그 후의 진화에 의해 생긴 갖가지 생물은 모두가 이 암호표에 신세를 지고 있는 셈이다. 이것은 현재 지구 위에 살고 있는 생물의 조상이 근본은 하나였다는 유력한 증거로 되어 있다.

그러나 이와 같은 유전 암호가 어떤 과정을 거쳐 생겨났느냐 하는 의문은 아직도 밝혀지지 않았다. 이 해명이 곧 생명의 기원을 밝혀내는 열쇠가 될 것이 확실하다.

5. 유전자의 기능

유전 지배

유전되는 모든 성질(형질)은 유전자의 지배 아래 있다. 그것은 몸의 형체, 크기, 기능의 모든 것에 걸쳐 있다. 그러므로 생물의 성질에 어떤 유전적인 변화가 나타난다면 그것은 유전자에 돌연변이가 일어났다는 것을 가리키고 있다. 실제로 유전학에서는 그렇게 유선사를 발견하고 있다.

그렇다면 유전자는 어떤 구조에 의해 생물의 성질을 결정하고 있을까? 다음은 이 문제에 대해 생각해 보기로 하자. 저마다의 유전자 특징(이것을 유전정보라 한다)이 신체상의 형질의 특징으로서 나타나기까지에는 몇 가지 과정을 거쳐야 한다.

그림을 보자. 우선 유전자인 DNA로부터 전사된 mRNA로 유전정보가 흘러간다. 이어서 이 정보에 따라 단백질이 형성되는데, 대개의 경우 이 단백질은 효소이다. 그렇게 되면 이 효소는 화학반응을 통해 특색 있는 물질을 생산한다. 세포에는 이와 같은 효소에 의한 화학반응의 산물이 매우 많이 모여들어 그것들이 역할을 분담해서 생명의 복잡한 구조를 움직이고 있다. 생물체에 나타나는 단 한 가지 형질이라도 수많은 효소반응, 많은 유전자가 관여하고 있다.

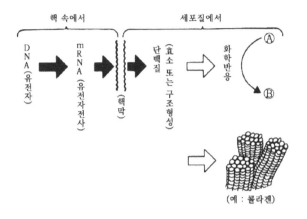

그림 5 | 유전자의 기능

따라서 한 개의 유전자에 돌연변이가 일어나 효소의 성질이 바뀌거나 효소를 만들지 않게 되거나 하면, 마치 각자의 역할이 정해져 있는 직장에서 어떤 사람이 병에 걸렸거나 결근을 한 것과 같은 상황이 되므로 당연히 전체 활동에 영향이 나타나기 마련이다.

편모

이야기를 알기 쉽게 끌어나가기 위해 세균의 편모에 대해 먼저 설명하기로 한다. 편모란 세균의 세포 표면에 돋은 기다란 회초리 같은 것인데, 세균은 이것을 굉장한 속도로 회전시켜 앞으로 진행한다. 마치 잠수함이 스크류를 회전시켜 물속을 달려가는 것과도 같다.

이 세균의 편모라는 것은 플라젤린(flagellin)이라는 공 모양의 '단백질'이 둥근 통처럼 쌓아 올려진 것으로, 유연하고 약간 구불구불하다. 이 편모가 왜 회전하느냐에 대해 최근에 흥미로운 의견이 나왔다. 그것은 편모의 뿌리 밑이 터빈으로 되어 있다고 하는 것이다. 확실히 편모의 뿌리 밑에는 원판이 붙어 있고, 이것에는 세균의 세포막에 들어 있다. 이만한 장치를 완성해서 움직이는 데는 수많은 유전자가 활동하고 있게 마련이다. 때문에 그 유전자에 돌연변이가 일어나면 여러 가지 부품이 고장을 일으킨다.

편모의 구불구불한 웨이브가 없어진 것, 편모가 짤막하게 된 것, 웨이브가 역회전을 하고 있는 것, 편모의 회전장치가 움직이지 않게 되어 버린 것 등등 여러 가지 돌연변이를 관찰할 수 있다. 편모가 움직이지 않게 되었다고 해도 회전장치가 워낙 복잡하기 때문에 그 고장 장소도 제각각이다. 또 회전장치를 움직이는 데는 다량의 에너지가 필요하기 때문에 그것을 위한 대사 효소도 많이 작용하고 있다.

이와 같이 하나의 구조물을 조립하고 또 그것을 움직이게 하는 데는 매우 많은 단백질을 비롯한 효소반응 산물이 관여하고 있다. 그것은 마치 자동차와 같은 것으로, 사소한 고장이라면 그런대로 움직일 수도 있으나 한 군데서 고장이 나면 전혀 움직이지 못하는 경우도 있다.

유전자에는 이처럼 물질을 생산하는데 작용하는 것과 그렇지 않고 이 생산공장의 통제를 위해 작용하고 있는 것이 있다. 즉 후자인 유전자는 전자인 유전자의 기능을 조절함으로써 세포 또는 몸 전체가 균형 있게 유지될 수 있도록 하는 것이다.

자기 조절

　신체를 만들고 있는 물질은 일반적으로 매우 빠르게 분해되고 또 매우 신속하게 합성되고 있다. 생물은 그 분해와 합성의 균형 위에서 살아가고 있다. 우리도 분해 쪽이 더 진행되는 사람은 야위고, 합성이 더 많이 진행되는 사람은 뚱뚱해진다. 체중에 변화가 없는 사람은 분해계와 합성계가 평형상태를 이루고 있는 사람이다. 생물의 몸은 오토메이션화되어 자기 조절(自己調節)을 하는 능력이 있다. 그것이 잘 안 되면 병에 걸리거나 죽음이 찾아오거나 한다.

　보통 유전자는 쓸데없는 일은 절대 하지 않는다. 이를테면 세균의 영양으로서 포도당과 젖당(유당)을 혼합해 주면, 이용하기 쉬운 포도당을 다 쓸 때까지 젖당은 먹지 않는다. 그것은 젖당을 먹는 데는 새로운 유전자를 활동시켜야 하고, 새로운 효소를 몇 개나 더 만들어야 하기 때문이다. 또 아미노산을 합성하는 데 필요한 유전자를 갖고 있으면서도 외부로부터 아미노산을 주게 되면 그 유전자들은 일을 하지 않고 쉰 채로 있다.

6. 세포의 분열 ─DNA의 복제─

자기 복제

스스로 분열하여 자손을 증식하는 능력은 생명을 가진 것의 가장 중요한 특징 중 하나이다. 단세포생물은 세포의 분열 자체가 자손의 번영과 이어져 있고, 다세포생물에서도 세포분열이 신체를 만들고 자손을 만드는 것의 기초로 되어 있다. 어떠한 크기, 어떠한 형태를 한 생물도 신체가 만들어지는 출발점은 수정란이라고 하는 한 개의 세포이다. 그것이 세포분열을 거듭하여 조직을 만들고 또 조직의 집합인 기관을 만들어 마지막으로 하나의 신체를 완성한다. 그리고 신체의 일부에서 생식세포를 만들 때도 세포분열이 일어난다.

세포분열이란 1개의 세포가 2개로 되고, 2개가 4개로, 4개가 8개로 …… 2의 n제곱씩 세포수가 증가해 가는 것이다. 여기서 n은 분열의 횟수를 가리킨다. 이 증가방법은 처음에는 그다지 대단하게 보이지 않으나 지수적인 증가이기 때문에 분열 횟수가 늘어나면 급속히 세포수가 증가한다.

이를테면 대장균은 20분마다 한 번씩 분열하기 때문에 4시간이 경과하면 세포수는 1만 배가 되고, 하룻밤을 배양하면 무려 전 세계 인구수만큼이나 그 수가 늘어난다. 세포분열의 속도는 생물의 종류에 따라, 또 다세포생물에서는 세포의 종류에 따라 달라진다. 그러나 일반적으로 세균과 같은 하등한 생물에서는 빠르고, 고등한 생물에서는 느린 경향이 있다.

예컨대 포유동물의 조직을 인공배양해 보면 한 번의 세포분열을 하는 데 24시간이 걸린다. 실제로 우리 몸의 세포는 항상 분열을 계속하고 있는 것이 아니다. 때에 따라 또 조직에 따라 분열하거나 쉬고 있거나 한다. 또 뇌세포와 같이 일생 동안 분열을 하지 않는 것도 있다.

세포에 포함되는 DNA의 양을 살펴보면, 포유동물은 대장균의 1000배 정도의 DNA를 함유하고 있다. 1개의 세포가 분열에 의해 2개가 될 때 DNA도 마찬가지로 복제된다. 세포분열에서는 이 DNA의 복제가 가장 어려운 사업이다.

세포의 일생

그림을 살펴보자. G_1이라고 하는 시기는 세포가 DNA를 합성하기 위한 준비 시간으로, 배양세포의 경우 10시간이 소요된다. 다음의 S기는 준비를 끝내고 실제로 DNA를 복제하고 있는 시간으로, 이것에는 8시간이 걸린다. G_2기는 막 복제를 끝낸 각각의 DNA를 2개의 세포로 분배하기 위해 준비에 임하는 시간으로, 이것에는 5시간이 소요된다. M기는 준비를 끝내고 분배하는 시간으로 30분이 소요된다. 이 세포의 분열에 소요되는 24시간 중 18시간(75%)은 DNA의 복제를 위해 소비되고 있다.

여러분은 생물 시간에 체세포의 유사분열(有糸分裂)을 배웠을 것이다.

복제한 염색체가 나타나 적도면 위에 배열하고, 방추사(紡錘絲)에 의해 양극으로 갈라져 나가서 마지막에는 2개의 세포가 완성되는 세포분열이다. 이것이 M기에 해당한다. 여기서 세포분열을 하고 있지 않는 시기를 전에는 휴지기(休止期)라고 부르고 있었는데 G_1, S, G_2의 세 시기가 이것에 해당한다. 그러므로 이 3기의 합계 23시간이 휴지 기간이라기보다는 가장 중요한 시기라는 것을 알아두었으면 한다. 현재는 이 3시기를 간기(間期)라고 부르고 있다.

DNA 복제

DNA의 복제란 똑같은 DNA를 한 개 더 만드는 것을 말한다. 바꿔 말하면 어미 DNA를 만들고 있는 4문자 A, G, C, T의 배열과 똑같은 문자배열을 가진 것을 한 개 더 만드는 것이다. 그렇다면 세포는 어떻게 이러한 복제를 하고 있는지 생각해 보기로 하자.

결론부터 말하면 복사를 하는 것이다. DNA는 A, G, C, T의 4문자가 배열된 두 가닥의 끈이 새끼줄처럼 꼬여 있으므로 그것을 우선 풀어놓아야 한다. 그리고 각각의 끈에 대해 복사를 한다. 그때 복사장치는 A→T, T→A, G→C, C→G로 바꾸어서 복사한다. 그렇게 하면 어떻게 될까? 본래와 똑같은 문자배열을 가진 또 하나의 새끼줄이 꼬여지게 된다. 이로써 복제가 완료된다.

그러나 이 복사기계가 그렇게 정확한 것은 아니다. A⇆T, G⇆C의 고

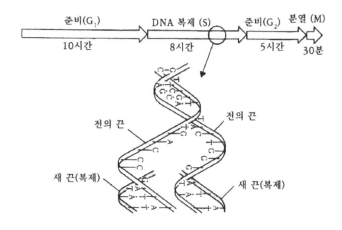

그림 6 | 세포의 분열과 DNA의 복제

쳐쓰기가 이따금 틀리기도 한다. 그대로라면 문자배열이 틀린 DNA가 만들어지고 그것을 받은 세포는 돌연변이를 일으키게 된다. 그러나 사실 이 잘못 복제된 것을 바로 잡아주는 작용이 있어서, 잘못된 DNA가 그렇게 자주 만들어지지는 않는다.

세포의 DNA 복제에 있어서 그릇된 문자를 배열하는 확률은 $10^{-8} \sim 10^{-9}$ 정도이다. 즉 1억 내지 10억 회의 세포분열에서 한 번쯤 잘못된 DNA를 만드는 셈이다. 그러므로 이 DNA 복제장치는 일반적인 기계와 비교해 볼 때 굉장히 정밀하고 정확하게 작용한다고 하겠다.

7. 우주의 진화

우주

어떻게 이와 같은 생명이 만들어졌을까? 이것은 곧 어떻게 이러한 우주가 만들어졌으며, 또 어떻게 이러한 지구가 만들어졌는가를 알지 않으면 풀 수 없는 문제이다. 왜냐하면 생명은 지구의 진화과정 가운데서 태어난 것이며, 그 지구의 형성은 우주 진화 단계의 하나로서 일어난 현상이기 때문이다. 말하자면 생명의 탄생은 우주 속에 있는 별에서 이루어진 흥미 있는 드라마의 하나에 지나지 않기 때문이다.

그러면, 최초에 태어난 생명은 원시적인 단세포이었으므로 이것을 시원(始原)세포라고 부르기로 하자. 이 시원세포가 만들어졌을 때의 원재료와 에너지와 시간은 모두 이 우주라고 하는 물질의 세계로부터 온 것이었다. 그러므로 생명의 원리도 예외 없이 우주의 물리법칙을 따르고 있을 것이다.

유명한 양자역학자(量子力學者)인 슈뢰딩거(E. Schrodinger, 1887~1961)는 그의 저서 『생명이란 무엇인가?』에서 생명현상은 무생물에 비하면 표면상 너무도 특수하므로, 생명의 세계에는 어떤 "다른 물리(화학)법칙"이 있을지도 모른다고 말했다. 이 의견은 많은 물리학자와 화학자를 자극하여 이 "다른 법칙"이라는 광맥을 캐내려고 속속 생명과학의 광산으로 몰려들었다. 그러나 아무리 캐 봐도 광맥은 발견되지 않았으며, 40년 이상이 지난 현재에도 그것은 발견되지 않고 있다. 그래서 「그런 것은 애초부터 없었던 것이 아니냐」고 말하고 있는 실정이다.

그러나 돌이켜 보면, 이것으로 캐낸 지식이 산더미처럼 쌓여 있다. 그것이 새로운 생명과학이라 일컬어지는 분자생물학이라는 학문이다. 어쨌든 생명만이 지니고 있는 특별한 법칙은 없는 듯하며, 생명 또한 보편적인 물리법칙에 따라 움직이고 있다고 하는 것이 오늘날의 상식이다.

빅뱅

우주의 나이는 150억 년 정도이다. 처음에는 초고밀, 초고온의 에너지 덩어리가 있었고, 이것이 대폭발(Big Bang)을 일으키면서 이 우주의 역사가 시작되었다고 말하고 있다. 이 에너지는 소립자(素粒子)로 바뀌고 이들이 반응한 결과로 여러 가지 원자가 생성되었다. 이 과정에서 탄소원자가 나타났고, 이는 곧 생명의 탄생을 예고하는 것이었다.

왜냐하면, 적어도 이 지구 위의 생물은 모두 탄소화합물로 이루어져 있기 때문이다. 어딘가 우주 이외의 천체에 생명체가 있다 하더라도 탄소가 주체를 이루고 있으리라 생각되는데, 그것은 생명을 만드는 데 필요한 탄소화합물이 굳이 지구 위에만 있는 것이 아니라, 다른 천체에도 또 운석에서도 발견되고 있기 때문이다. 생명은 그렇게 유별난 재료로 만들어

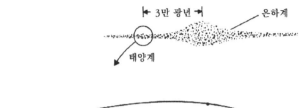

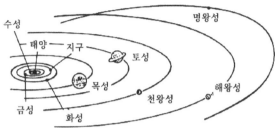

그림 7 | 은하계와 태양계

진 것은 아닌 셈이다.

우주의 팽창은 현재도 계속되고 있으며, 우리 은하계를 중심으로 한 성운들의 후퇴 속도는 100만 광년당 매초 30km라고 한다. 먼 성운일수록 큰 속도로 우리에게서 멀어져 가고 있다. 이 팽창과 더불어 무수한 성운이 생성되고, 그 속에서 수많은 항성이 태어났다. 태양계는 50억 년쯤 전에 가스와 먼지(미세한 고체입자)로 이루어져 있는 은하계의 변방에서 형성되었다. 원시 태양계 성운이 원운동을 하면서 중심에는 태양을, 주변에는 행성과 위성을 만들어 나갔다. 지구는 중심에서부터 세 번째 행성이다.

이 세 번째라는 위치가 생명이 태어나는 데 안성맞춤의 조건을 갖추고 있다. 우선 수성이나 금성만큼 뜨겁지 않고, 화성이나 목성처럼 지구 바깥쪽에 있는 행성만큼 춥지도 않아서, 생물의 생존에 알맞은 온도가 유지된다. 그 때문에 물이 액체로서 대량으로 존재할 수 있으며, 또한 적당한 강도의 태양광선을 받는다.

우주생물학

어떤 추산에 따르면 이 지구처럼 생명이 태어나고 자랄 수 있는 조건을 갖춘 별은 이 은하계에서만 해도 20억 개는 된다고 한다. 또 우주에는 은하계와 같은 성운이 1000억 개나 있다고 하므로 생명이 존재할 가능성이 있는 별은 막대한 수에 이를 것이다.

최첨단 생물학의 한 분야에 우주생물학이 있다. 우주생물학자들은 우주에는 지구인보다 더 지능이 발달한 이성인(異星人)이 있을 것으로 생각하고 있다. 1969년, 미국의 항공우주국(NASA)은 처음으로 인간을 달에 보냈으며 7년 후에는 화성에 무인 우주선을 착륙시켰다. 또 태양계의 외곽에 있는 목성, 토성, 천왕성, 해왕성으로도 탐색을 위한 우주선을 보내고 있다. 이 우주선에는 다른 별들의 사람에게 보내는 편지가 실려 있다. 또 달과 화성에도 편지를 남겨 두었다. 언젠가는 그들로부터 답장이 올 날이 올지도 모른다.

8. 화학진화

생명 이전

지금으로부터 45억 년 전, 즉 지구가 탄생하던 당시를 생각해 보자. 그때의 지구 표면은 태양으로부터 강렬한 자외선이 퍼부어대고, 도처에서 화산이 분화하여 몹시도 황량했다. 대기는 지구 내부로부터 분출한 갖가지 가스로 가득 차 있었으며, 여기에 자외선과 열에너지가 보태어져서 다양한 화학반응이 진행되고 있었다. 이 원시 대기가스의 화학반응이 생명을 낳는 유기화합물을 만드는 시초였던 것이다.

반응이 진행되자 가스는 점차 복잡한 물질로 합성되어 바다에 축적되어 갔다. 그리고 바다에서도 화학반응이 진행되었다. 이렇게 생명이 태어나기 이전에 일어난 갖가지 화학변화를 가리켜 화학진화라고 부르고 있다.

그러면 이제, 세포가 어떤 물질로 구성되어 있는지 생각해 보자.

제일 많은 것은 수분이다. 보통 60~70%인데 해파리 등에서는 95% 이상이 수분이다. 이 수분은 세포 속에서 화학반응이 일어나는 데 없어서는 안 되는 것이다. 수분이 그다지 포함되지 않은 씨앗이나 포자에서는 생명 활동이 거의 정지되어 있어, 이른바 휴면상태에 들어가 있다. 그런데 이것에다 물을 주면 화학반응이 발동하여 발아 상태로 들어간다.

수분을 제거한 고형분 중에서 가장 많은 것이 단백질인데, 왕성하게 활동하고 있는 세포라면 75% 정도를 차지하고 있다. 그다음으로는 지질 (12%), DNA와 RNA(7%), 탄수화물(5%)로 이어진다. 무기물질도 2~3%가 함유되어 있다.

단백질의 자연합성

그렇다면 단백질은 애초에 어떻게 만들어졌을까? 과연 생명도 없는 바닷속에서 이런 것이 만들어질 수 있었을까? 그렇다. 만들어졌을 뿐만 아니라 그것도 아주 간단히 만들어졌다. 단백질을 만드는 데는 그 원료가 되는 아미노산이 우선 만들어져야 한다. 실험실에서 수소, 메탄, 암모니아 및 수증기 등 네 종류의 가스를 플라스크에 밀폐해 놓고 그 속에 불꽃 방전을 일으키면 여러 가지 아미노산을 비롯한 유기화합물이 생성된다(역주: 이 실험은 원시 대기 속에서 번개가 치는 상황을 재현한 것이라 볼 수 있다). 최초에 이 실험을 시도한 학자는 너무도 간단하게 아미노산이 만들어졌기 때문에 무척 놀랐다고 한다. 사실 운석 속이나 달에서 가져온 돌 속에도 아미노산이 함유되어 있음이 밝혀졌다.

이렇게 만들어진 여러 종류의 아미노산을 해수에 녹여 90℃ 정도로 가열해 두면 아미노산들이 서로 화합하여 단백질이 만들어진다. 요즘은 원시 지구의 조건을 갖춘 실험실 속에서 갖가지 방법으로 단백질이 만들어지고 있다. 이러한 실험결과로 미루어 볼 때 원시 바닷속에는 생명이

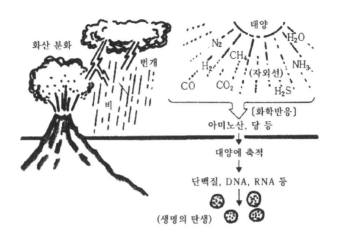

그림 8 | 생명은 대기로부터 태어났다

태어나기 전부터 상당히 많은 양의 단백질이 합성되어 있었을 것으로 여겨진다.

그러나 여기에는 해결하기 곤란한 문제가 있다. 우리들의 손도 오른손과 왼손의 손가락 배열방법이 다르듯이, 아미노산의 구조에도 오른손과 왼손이 있어 실험실에서 합성을 하면 좌, 우 반반씩 생성된다. 그런데 생물의 단백질을 만들고 있는 아미노산은 모조리 왼손형으로 한정되어 있다. 원시 바다에서 생명이 만들어졌을 때 어떻게 왼손형만 선택되었을까? 정말 알 수 없는 수수께끼이다.

DNA의 자연합성

다음으로 중요한 것은 DNA이다. 단백질이 수많은 아미노산의 연결로 이루어져 있듯이 DNA도 수많은 뉴클레오티드가 연결되어 이루어져 있다. DNA의 뉴클레오티드에는 A, G, C, T의 네 종류의 문자가 있고, 이들의 배열 순서에 따라 유전자의 특색이 결정된다. 원시 바다를 모방한 실험실 속에서는 이러한 뉴클레오티드의 합성에 성공하고 있는데, 유전자로서 "의미가 있는" 뉴클레오티드의 배열이 어떻게 결정되었는지는 아직 수수께끼로 남아 있다.

DNA는 위의 네 문자가 연속된 기다란 끈으로 두 가닥, 새끼처럼 꼬아져 있다. 그러므로 한쪽에 완성된 끈이 있으면 다른 한쪽은 그 문자에 대응하여 자연스럽게 끈이 뻗어 나간다. DNA가 복제될 때처럼 최초의 주형이 되는 끈의 네 문자(염기)의 배열이 어떻게 정해졌었느냐가 초점인 셈인데 이것에 대해서도 현재로는 해답을 얻을 수가 없다.

현존하는 생물이 갖고 있는 DNA에는 네 문자의 배열에 의미가 없는 부분이 꽤 있는 것으로 알려져 있다. 이런 부분은 물론 아무 소용도 없는 것으로 생각되는데, 문제는 예전에는 의미가 있었던 문자배열이 진화 도중에 의미가 없어져 버린 것이냐, 처음부터 의미가 없었던 것이냐는 점이다. 그러나 이 경우 "전에는 의미가 있었다"라고 하는 것이 좋겠다. 세균과 같이 하등한 생물의 DNA에서는 네 문자의 배열에서 아무 할 일도 없이 놀고 있는 것이라곤 없기 때문이다.

9. 생명의 탄생

생명의 바다

생명은 원시 바다에서 태어나고 자랐다. 바닷물은 비열(比熱)이 커서 급격한 온도의 변화가 없고, 육상과는 달리 태양에서 쏟아지는 강렬한 자외선도 미치지 않는 데다 화학진화에 의해 자연합성된 단백질과 DNA, 당 등 영양이 될 만한 성분이 잔뜩 녹아들어 있고 무기물도 풍부했기 때문이다. 이러한 바다 어디엔가는 이들 유기물이 특히 많이 모이기도 하겠고, 바위나 점토에 흡착되어 단백질이 덩어리를 이루기도 했을 것이다. 여러분의 집에서 쓰는 욕조에도 가장자리에 때가 달라붙어 좀처럼 벗겨지지 않는 곳이 있는 것처럼 말이다. 이렇게 흡착된 덩어리는 점점 커지거나 파도에 부서지거나 하는 성장과 분해를 거듭하고 있었을 것이다.

또 하나 중요한 점은 이런 단백질 덩어리들이 기름막으로 둘러싸여 있었으리라 생각되는 것이다. 그러므로 생명이 되기 조금 전의 상태는 〈그림 9〉에서 보듯이 맨 바깥쪽은 막으로 감싸이고, 내부에는 단백질을 비롯한 고분자물질이 응결한 기름방울이었을 것이다. 이 막 덕분에 그 안은 환경으로부터 격리되어 분자 사이에 독특한 반응이 진행되었을 것이다. 게다가 막을 통해 환경으로부터 영양물질을 섭취하여 성장하고, 그것이

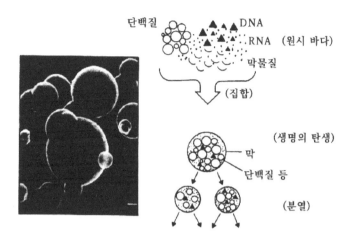

그림 9 │ 생명은 고분자로부터 만들어졌다

어느 정도의 크기가 되면 분열하는, 이상스러운 과정을 반복하게 되었을 것이다.

　사실, 이런 이상한 성질을 가진 기름방울이 바로 최초의 생명이었던 것이다. 따라서 생명은 단숨에 만들어진 것이 아니라 매우 오랜 세월에 걸쳐 서서히 이루어진 것이다. 처음에는 생명이라고 할 수 있을지조차 의심스러운 아주 비능률적인 생명이었을 것이다. 그러나 수많은 기름방울 가운데는 다른 것보다 좀 더 성장이 좋은 것이 나타났다. 그러자 그다음 에는 그것이 우세해졌다. 얼마 후에는 그보다 더 성장이 좋은 것이 나타 나 그쪽 자손이 보다 많이 살아남게 되었다. 생명은 이와 같은, 이른바 도 태(陶汰)를 반복하며 진화해 왔다. 그러므로 현재까지 살아남을 수 있었던

48

생물은 아무리 하등한 것일지라도 탄생 당시의 생물에 비교하면 훨씬 능률적인 구조를 지니고 있다.

원시적인 생명

현재는 이 원시적인 생명이 남아 있지 않으므로 자세한 것은 알 수 없으나, 현존하는 하등생물에 공통되는 여러 가지 성질로부터 추정할 수 있다. 이를테면 현존 생물 중에서도 가장 원시적이라 할 만한 미코플라스마를 살펴보자. 이것은 세균류보다 훨씬 더 작고, 거의 기생을 하고 있기 때문에 얼마 전까지는 바이러스로 생각되었을 정도였다. 이 미소한 생물의 세포는 세균과는 달리 세포벽이 없어, 말하자면 벌거숭이로 생활하고 있는 셈이다. DNA는 갖추었으나 세균의 10분의 1 정도밖에 안 된다. 바꿔 말하면 유전자의 수가 매우 적은데, 자신이 살아가고 증식하는 데 필요한 최소한의 유전자만 갖고 있는 듯하다. 이런 세포도 그것을 감싸는 세포막은 어김없이 갖고 있으므로, 원시 생명에도 기름막, 즉 세포막을 갖추었으리라 생각된다. 세포막은 물질을 통과시키는 관문으로서의 역할을 하며 에너지 생산 등 매우 중요한 대사가 그 속에서 진행된다.

이세 그 알맹이를 생각해 보자. 탄생 당시의 원시적인 세포의 대사는 빈약했으리라 생각된다. 미코플라스마는 오늘날에도 간단한 대사만 하고 있다. 따라서 인공적으로 배양하는 데는 생피(生血) 등, 원시 바닷속의 영양분만큼이나 복잡한 화합물을 주어야만 한다. 이 생물은 간단한 영양분을 써서 복잡한 유기물을 만드는 장치를 갖고 있지 않기 때문이다.

세균

여러분은 세균을 매우 하등한 것으로 생각하고 있을지 모르지만, 대장균조차 고도로 진화한 매우 복잡한 대사 능력을 갖추고 있다. 그러므로 무기물과 포도당과 같은 간단한 영양만으로도 충분히 살아갈 수 있다. 인간의 몸은 세균에 미치지 못한다. 인간은 외부로부터 필수아미노산, 비타민, 그 밖의 여러 가지 유기물을 영양으로 섭취하지 않으면 살아갈 수 없는데, 그것은 이러한 유기물을 스스로 합성할 능력이 없기 때문이다. 그러나 대장균은 이러한 영양을 모두 스스로 합성할 수 있다. 이런 대장균도 인간과 마찬가지로 광합성 능력은 없다. 다만, 포도당만 있으면 모든 영양으로 개조하는 구조를 갖고 있다. 인간은 대사 능력이 퇴화한 것이라 생각된다.

그리고 또 하나 중요한 점은 원시 지구의 대기에는 산소가 없었기 때문에 당시의 생물은 모두 산소가 없어도 살았다는 점이다.

10. 세계에서 가장 오래된 화석

고생물학

생명은 40억 년쯤 전에 태어난 것으로 생각된다. 그런 것을 어떻게 알수 있느냐고 말할지도 모르지만, 이것은 화석이 출토되는 연대로부터 추정한 결과이다. 지구가 탄생한 것이 45억 년 전이므로, 갓 생긴 지구에 바다가 생기고, 생명이 태어나 자랄 수 있을 정도로 온전한 환경이 만들어지기까지는 5억 년이 걸렸다는 말이 된다.

지구 위의 지각에서는 화석이 된 옛날 생물들의 유해가 도처에서 출토된다. 이런 화석을 지층의 연대에 맞추어 정리하면서 생물의 진화를 조사하는 학문을 고생물학(古生物學)이라고 한다. 여러분도 공룡의 화석, 삼엽충의 화석 등 여러 가지 화석에 대해 알고 있을 것이다. 식물의 화석 또한 많이 알려져 있는데, 이러한 다세포생물의 화석은 약 6억 년 전, 즉 캄브리아기 이후의 것이다.

이전에는 가장 오래된 생물 화석을 캄브리아기의 것으로 알고 있었다. 따라서 그 이후를 현생대(現生代: 생물이 나타난 시대)라 하고, 이전을 은생대(隱生代: 생물이 나타나지 않은 시대)라고 부르고 있었다. 그런데 미국과 캐나다를 가르는 슈피리어 호수 서쪽에 위치한 작은 건프린트 호수에서 1954

년, 20억 년 전의 화석이 발견되었다. 이는 전 세계 고생물학자가 깜짝 놀란 사건이었다. 왜냐하면 캄브리아기보다 이전인 선캄브리아시대에는 생물이 없었다고 믿어 왔기 때문이다.

여기서 출토된 화석은 크기가 수미크론에 불과한 미소한 생물이었다. 이와 같은 작은 화석을 가리켜 미화석(微化石)이라 한다. 이 발견으로 인해 은생대로 알려져 있는 시대에 속하는 세계 각지의 지층탐색이 시작되었다. 그리하여, 이곳저곳에서 더 오래된 화석이 발견되었다.

미화석

그린란드의 수도 고드하프로부터 북동쪽으로 150㎞쯤 간 곳에 이스아라는 지방이 있다. 여기에는 세계에서 가장 오래된 것으로 여겨지는 암석이 있다. 이 암석으로부터 아주 미량의 탄화수소가 검출되었다. 탄화수소는 탄소와 수소의 화합물로 화학적으로 가장 안정된 유기물이다. 이것은 오래된 지층에서 고생물의 유해로서 흔히 나타나곤 하는데, 이와 같은 유기물을 화학화석이라 부른다.

그런데 그 후 이 이스아에 있는 38억 년 전의 지층으로부터 미화석을 발견했다는 논문이 발표되었다. 이것에는 이론도 있으나, 만약 이것이 진정 미화석이라고 한다면, 생명 자체가 완성된 것은 그보다 2억 년쯤 전, 즉 약 40억 년 전일 것으로 추정할 수 있다. 그러나 만약 이 미화석이 진짜가 아니며, 그 당시는 생물이 존재하지 않았다고 한다면 저 탄화수소는

그림 10 | 35억 년 전 세균의 화석(남아프리카)

어디서 유래한 것일까? 그렇다면 화학진화의 유물일지도 모른다. 이스아는 "가장 먼 땅"이라는 뜻을 가졌다고 하므로, 생명의 역사에 있어 가장 아득한 화석일지도 모른다.

남아프리카의 스와질란드 지방이나 오스트레일리아의 서오스트레일리아 지방에는 35억 년 전의 옛 지층이 있고 여기서도 미화석이 출토되고 있다. 이들 화석은 모두 현재의 생물에 비하면 세균류에 해당하는 것인데, 30억 년쯤 전에 이르면 이미 남조(藍藻)의 화석이 나타나고 있는 것이다.

일본의 화석

한편, 일본에서는 어떤가? 일본열도는 다른 나라와 달리 형성 자체가 새롭다. 따라서 가장 오래된 화석은 고생대의 오르도비스기(5억~4억 년 전쯤 사이)의 것으로, 고치현 니요도강(高知縣 仁淀川) 상류에서 필석(筆石: 학명 Dictyonema)의 화석이, 기후현(岐卓縣)에서는 패형류(見形類: 학명 Ostracoda)의 화석이 발견되었다. 참고로 일본열도에서는 기후현, 히다(飛驒) 지방에서 발견된 14~16억 년 전의 암석이 가장 오랜 것으로 알려져 있다.

화학화석은 앞에서 말했듯이 생물의 형체는 없어지고 그 유기물질만 남아 있는 경우를 말한다. 또 화석화된 후에 남아 있는 유기물에 대해서 도 말한다. 돌로 바뀌었으므로 화석이라고 하지만, 화석이라고 해서 모두 무기물인 것은 아니다.

화석연료

석유나 석탄은 일종의 화학화석, 말하자면 화석연료이다. 석유 속에는 식물의 광합성 색소인 클로로필의 원형물질이 가득 들어 있다. 그러나 한 편으로는 석유는 생물과 관계없이 지구가 탄생할 때의 지각변동 결과로 생겼다는 설도 있다.

선캄브리아시대에 들어 세포는 많은 진화를 이룩했다. 초기 무렵에는 세균, 남조와 같은 진핵을 갖추지 않은 미생물뿐이었으나, 15억 년 전에는 핵뿐만 아니라 미토콘드리아, 식물이라면 엽록체를 포함한 몇 배나 큰 세포 를 가진 생물이 태어났다. 이러한 사실도 화석의 연구에서 밝혀진 일이다.

11. 대사의 기원과 진화

대사란?

대사란 세포 속의 분자가 화학반응을 하여 전환되는 과정을 말한다. 〈그림 11〉을 보자. 지금 물질 A가 연달아 화학반응을 하면서 B, C, D, E를 거쳐 마지막에 물질 F에 도달한다고 하면, 이때의 A를 출발물질, F를 최종산물, 그리고 중간에 나타난 B~E를 중간산물이라 부른다.

이 화학변화 하나하나는 효소(E)에 의해 진행되고 있다. 효소는 모두 단백질로 되어 있고 화학반응을 촉진하는 특수한 기능을 지니고 있다. 그리고 효소는 모두 유전자(G)에 의해 만들어진다. 즉 세포 속에서 어떤 화학반응이 진행하느냐, 정지하느냐 하는 것은 유전자가 그 효소를 만드느냐, 마느냐에 따라 결정된다.

이를테면, 지금 G_3의 유전자가 돌연변이를 일으켰기 때문에 E_3 효소를 만들지 않게 되었다고 가정하자. 그러면 어떻게 될까? C를 D로 하는 반응이 멎어버린다. 그러나 유전자, G_1과 G_2는 정상적으로 각각의 효소를 만듦으로 중간산물인 C가 세포에 자꾸 축적된다. 유전자에 결함이 있는 유전병에서도 이와 같은 일이 일어난다. 이를테면 페닐케톤뇨증은 티로신이라는 아미노산의 대사이상으로 나타나는데, 중간산물인 페닐알라

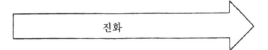

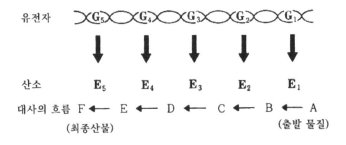

그림 11 | 대사의 기원과 진화

닌의 반응효소가 결핍되어 생긴다. 이 경우 페닐알라닌은 혈액 속에 자꾸 축적되고, 이를 방치할 경우 지능장애 등이 일어난다.

그런데 세포에서는 왜 대사가 일어날까? 이를테면 영양으로 섭취한 녹말이 완전히 물과 이산화탄소로까지 분해되어 에너지를 방출하는 데는 30단계 가까운 화학반응을 거치게 된다. 그렇지만 만약 이 녹말에 불을 붙여 태운다면 단번에 물과 이산화탄소로 변화한다. 이때는 에너지가 모조리 열이 되는데, 최초의 녹말의 양이 같다고 하면, 먹었을 경우나 불을 붙여 태웠을 때나 방출되는 총에너지양은 같을 것이다.

그런데 세포에서는 몇 단계에 걸쳐 천천히 에너지가 방출되고 그것을 ATP(아데노신3인산)로 회수한다. 이렇게 하면 녹말에 포함된 에너지를 남김없이 ATP로 수확할 수 있기 때문이다. 그러나 만약 불태워 버렸을 때와 같이 녹말의 에너지가 단숨에 방출된다면 그것을 먹은 사람은 화상을 입고 죽어버릴지도 모른다. 세포의 대사는 열로 에너지가 상실되는 것을 되도록이면 줄이도록 하는 장치를 만들고 있는 것이다.

대사의 탄생

원시 바다에서 막 탄생한 세포는 대사를 하지 않았을 것이다. 대사, 곧 세포 내 화학반응의 수는 진화와 더불어 증가해 온 것이다. 왜 반응의 종류가 늘어났느냐에 대해서는 홀로비츠의 학설이 있다. 앞에 든 그림을 인용하여 설명하겠다.

갓 태어난 시원세포는 필요한 영양물질인 F를 환경, 즉 원시 바다에서 충분히 얻을 수 있었다. 그러므로 이와 같은 대사가 필요하지 않았다. 그러나 F를 다 먹어 치우고 환경에서 더 이상 그것을 얻을 수 없게 되자, 그 세포는 F와 화학구조가 흡사하고 조금만 화학변화를 시키면 F가 될 만한 E를 영양으로 이용하게 되었다. 여기에서 E→F라는 화학반응이 생긴 것이다. 그러는 동안에 E마저 없어지자 이번에는 E와 화학구조가 흡사한 D를 이용하게 되었다. 그 결과 D→E→F라는 반응계열, 즉 대사가 이루어졌다. 그 후에도 C, B, A로 새로운 영양물질을 찾아가면서 대사를 연장해 왔다는 것이 홀로비츠의 설이다.

그렇다면 각각의 효소를 만드는 유전자는 어떻게 진화해 왔을까? 처음에는 효소 E_5를 만드는 유전자 G_5가 있었다. 그러는 동안에 유전자 배가(倍加) 현상이 일어나 그 생물은 G_5 유전자를 2개 갖게 되었다. 그런데 오랜 세월 동안에 각각에 독립적인 돌연변이가 일어나서 G_5와 $G_5{}'$(즉 G_4)는 각각 다른 특색을 가진 별개의 효소, 즉 E_5와 E_4를 만들게 된 것이다. 이와 같이 유전자가 배로 늘어나는 사건과 돌연변이가 되풀이되면서 효소의 종류가 증가해 왔다.

그런데 이 주장은 과연 정당할까? 이것이 진실이라고 한다면 하나의 대사에 관계되는 효소나 유전자는, 말하자면 동족이기 때문에 무척 닮았을 것이다. 현재까지 조사된 바에 의하면, 같은 대사계열에 속하는 효소는 아미노산의 배열이 흡사하다고 알려져 있다. 또 유전자의 배가(倍加)는 생물이 진화해 오는 동안 드물지 않게 일어나고 있었던 것 같다.

생물은 진화할수록 세포에 포함되는 DNA양이 증가해 간다. 이것도 유전자의 수가 곱절로 늘어난 탓으로 생각되는데, 이로써 세포의 구조도 또한 점차 복잡해진다.

12. 광합성의 기원

광합성이란?

광합성은 지구의 생물들이 고안한 기능 가운데 최고의 걸작이라 하겠다. 그 덕분에 지구의 모든 생물은 지금도 생명을 유지하고 있다. 이를테면 인류가 대뇌를 진화시킨 것으로 인해 다른 생물이 큰 은혜를 입고 있는 예는 찾아볼 수 없지만, 광합성생물은 자신뿐만 아니라 광합성을 할 수 없는 생물의 생명까지도 유지시켜 주고 있다.

광합성이란 태양광선을 사용하여 ATP나 포도당 등의 유기물을 합성하는 과정을 말한다. 즉 빛에너지를 화학에너지로 바꾸는 작업이다. 광합성생물의 기원은 산소 호흡생물보다 훨씬 이전으로 매우 오래된 데다가, 원시 지구의 대기에는 산소가 없었기 때문에 당시의 생물은 영양물질로부터 에너지를 끌어내는 데 산소를 쓰지 않는 대사, 즉 발효에 의존하고 있었다. 이와 같이 오래된 생활방식의 생물은 오늘날도 많이 살고 있지만, 깊은 물속 등 산소가 없는 장소를 찾아 서식하고 있다.

광합성생물의 탄생

원시 바다에는 화학진화에 의해 자연합성된 유기물이 가득 있었으므로 발효생물들은 이것을 영양분으로 삼아 살고 있었다. 그런데 생물들이 대량으로 번식하게 되자 바다의 유기물이 차츰 고갈되고 생물계는 절멸될 위기를 맞게 되었던 것 같다. 이 시기에 별난 종류의 생물이 태어났다. 그들은 자신이 필요로 하는 영양물을 태양광선을 이용하여 합성하려는 광합성세균이었다. 이처럼 아무에게도 영양을 의지하지 않고 살아갈 수 있는 생물을 가리켜 독립영양생물이라 부르고 있다. 반대로 인간처럼 다른 생물로부터 영양을 받지 않으면 살아갈 수 없는 것을 종속영양생물이라 한다.

광합성세균은 지금도 많이 살고 있는데, 온천이 흐르는 곳에 황색의 황이 고인 것을 본 적이 있을 것이다. 이런 곳에 바로 광합성세균이 살고 있다. 이들은 또 웅덩이에도 살고 있다.

광합성 장치

그러면 이젠 광합성세균이 어떻게 광합성을 하고 있는가를 살펴보자. 그림과 같이 광합성은 2개의 장치를 써서 이루어지고 있다. 우선 첫째는 빛에너지를 흡수하여 이것을 화학에너지로 바꾸는 장치로서, 합성되는 화학에너지 물질로는 ATP와 NAD⑪가 있다.

ATP는 에너지의 통화(通貨)라고 할 만한 것이다. 이것만 있으면 신체

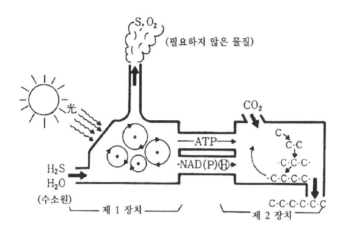

그림 12 | 광합성은 두 개의 장치로 되어 있다

의 어디에서나 에너지를 사용할 수 있다. NAD⊕는 강력한 환원반응을 일으킬 수 있는 수소공여물질이다. 즉 상대방 화합물에 강압적으로 수소를 결합시켜 반응하기 쉽게 만드는, 말하자면 접착제인 셈이다. 이 두 화합물은 모두 강력한 에너지를 갖고 있다.

제2의 장치는 탄소동화 장치로서, 이산화탄소(CO_2)의 탄소를 접착제로 접착하여 탄소 6개로 이루어지는 포도당을 만든다. 이 장치를 움직이는 데는 에너지와 접착제가 필요하므로 제1장치에서 만든 ATP나 NAD⊕가 여기에 사용된다. 그런데 이 제2장치는 발효생물 시대에 만들어진 포도당 분해장치를 거꾸로 회전시켜 작동된다. 생물은 이와 같이 새로운 진화를 할 때, 낡은 것을 철저하게 이용하며 결코 낭비를 하지 않는 특색을 지니고 있다. 그러므로 광합성생물이 새로 고안한 것이 제1장치인 것이다.

광합성세균은 NAD⊕를 만드는 수소공급원으로서 황화수소(H_2S) 등을 쓴다. 그런데 이 수소원으로 물(H_2O)을 사용하는 별난 종이 새롭게 나타나 굉장한 진보를 이루게 되었다. 즉 남조류(Cyanophytes)가 그것이다. 광합성에 필요로 하는 빛, 이산화탄소, 물 등은 지구 위 어디서나 얻을 수 있는 것들이었으므로 남조류는 폭발적으로 번식해 나갔다. 그 흔적인 남조의 화석은 오늘날 세계 도처에서 출토되고 있다. 남조는 지금도 지구의 극지나 바다, 육상을 가리지 않고 온천과 같은 뜨거운 물속 같은 곳에서도, 어디든 살고 있다. 그리고 이 남조형 광합성 장치는 그대로 고등식물에 계승되어 쓰이고 있으므로 이것이 얼마나 훌륭한 것인가 알 수 있을 것이다.

산소의 발생

그런데 뜻밖의 부산물이 태어났다. 바로 산소이다. 광합성 작용에는 물이 수소공급원으로 쓰이므로 필요 없는 산소는 바깥으로 내버린다. 이것이 대기 속에 축적되어 원시 대기는 차츰차츰 산화형 공기로 변해 갔다. 이 때문에 낭패하게 된 것은 발효생물이었다. 그들은 산소가 있으면 죽어버린다. 즉 산소는 원시생물에게 있어서는 독물인 것이다. 그렇다면 호흡생물은 어떻게 살아남을 수 있었을까? 그들은 모두 산소 해독장치를 갖추고 있기 때문이다. 인간도 마찬가지지만, 공기 속의 산소농도가 지금보다 높아진다면 모두 위험하게 될 것이다.

13. 화학합성의 기원

화학합성이란?

광합성생물은 탄소동화에 필요한 에너지를 태양광선으로부터 흡수하는 장치를 갖춘 생물이다. 이에 대해 화학합성생물은 무기물이 산화될 때 나오는 에너지를 이용하여 탄소동화를 해나간다. 오늘날 광합성생물은 지구 전체 생물을 부양할 만큼 큰 발전을 이룩하고 있는 반면, 화학합성은 쓸쓸하게도 몇몇 종류의 세균에 의해서만 그 기능이 발휘되고 있을 뿐이다. 다 같이 탄소를 동화하는 생물인데도 왜 이렇게 큰 진화적 차이가 생겼느냐 하면, 이는 태양광선과 무기반응의 방출에너지 사이의 차이에 기인하는 것으로, 무기반응에서 얻을 수 있는 에너지는 너무 적어 그 이용생물이 큰 발전을 할 수 없었기 때문이다.

원시 바다에서 화학진화가 진행된 결과, 자연합성된 유기물을 영양으로 하는 생물이 크게 번성하게 되자 바닷속의 유기물이 거의 바닥나게 되었다. 그때 태양의 빛에너지를 써서 자신이 필요로 하는 영양물을 스스로 합성하려는 광합성생물이 나타나게 되었는데, 바로 그 무렵 무기반응에서 얻을 수 있는 에너지로 자신의 영양물을 합성하려고 하는 또 하나의 독립영양생물인 화학합성생물이 출현하게 된다. 광합성만큼 훌륭하지는 못해도 당시에 이용할 수 있는 에너지원이라면 무엇이든지 모조리 이용하려 했던 시행착오의 하나로서 말이다.

생물분류학에서는 화학합성생물을 그렇게 중요하게 다루고 있지 않으나 생물진화의 규명에는 그 존재가 매우 소중하다. 어떤 생물이든 살아나가는 데는 상당한 에너지가 필요하기 마련으로, 신선처럼 "안개"를 먹고 살아갈 수는 없다. 현존하는 생물은 빛에너지와 유기물 및 무기물이 갖는 화학에너지 이외의 에너지를 이용할 능력이 없다. 만약 전기에너지나 소리에너지 또는 위치에너지 등을 이용할 수 있다면 매우 편리하리라 생각되지만 유감스럽게도 그런 생물은 진화하는 동안 나타나지 않았다.

전기뱀장어 등 전기를 발생하는 생물이 있긴 하지만 이들도 전기를 영양으로 섭취하는 능력은 갖고 있지 않다.

화학합성 장치

다음에는 화학합성이 어떤 방식으로 이루어지고 있는가를 생각해 보기로 하자. 그림을 살펴보면 그 기본은 광합성의 경우와 흡사하다. 특히 탄소동화 제2장치는 광합성과 같다. 다만 이 장치를 움직이는 데 필요한 ATP나 NAD⊕H를 만드는 제1장치가 광합성의 경우와 다르게 되어 있다. 즉 황화수소라든가 수소, 암모니아, 아질산, 환원형(원자가 2)의 철과 같은 에너지 준위가 높은, 이른바 환원형 무기물을 먹이로 하고 있는 것인데, 이것들을 산화시킬 때 발생하는 에너지로 ATP 등을 만든다. 산소가 없는

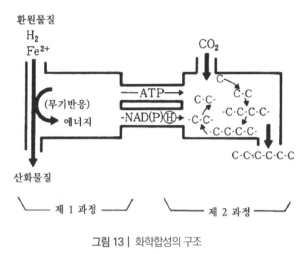

그림 13 | 화학합성의 구조

초기에 나타난 황산염 환원균 등은 산소가 필요 없는 방법으로 무기물을 산화하고 있다.

세균의 생명력

여러분은 발효나 광합성, 화학합성을 이야기하는 동안 어떤 한 가지 점에 생각이 미치지 않았었는지? 그것은 지구의 생물이 살아가는 데 바탕이 되는 새로운 대사를 획득한 주인공은 모조리 세균류라는 사실이다. 생명이 이 지구에 탄생한 것은 40억 년 전, 또 세포 속에 핵을 갖춘 고등한, 이른바 진핵(眞核)생물이 나타난 것은 15억 년 전이라고 하면, 결국 25억 년 동안은 세균류와 남조가 이 지구 위를 독차지하고 있었던 셈이다. 이

사이에 지구 위에서는 여러 가지 사건이 있었을 터인데도 이들은 곤란을 극복하고 살아남은 것이다. 실제, 세균들은 이러한 환경 변화에 적응하느라 실로 수많은 대사를 발전시켜 왔으며, 오늘날 고등한 동식물의 세포가 갖추고 있는, 생존의 바탕이 될 만한 대사는 모두가 이 세균들의 시대에 완성된 것을 물려받은 데 지나지 않는다. 그들은 형체가 작은 단세포생물에 불과하지만 그 생활력이나 환경 변화에 대한 적응력은 매우 뛰어나다.

우리는 그들을 가리켜 하등생물이라 말하고 있으나, 사실은 그 반대가 아닐까 하는 생각이 들 정도이다. 어쨌든 그들은 이 지구 위에서 40억 년 동안이나 연명해 온 실적을 지니고 있으니까 말이다. 게다가 우리는 현재 전혀 깨닫지 못하고 있으나 세균들 덕분에 우리의 삶이 누리고 있다고 할 만한 점도 많다. 이를테면 토양 속의 세균을 모조리 죽여 버린다면 어떻게 될까? 인류를 포함한 모든 생물계가 절멸될 것이다. 세균들은 환경을 정화하는 주역이기도 하다. 만약 그들이 없다면 이 지구 위에는 시체가 겹겹이 쌓여 있을 것이다. 세균 가운데는 병원균과 같은 나쁜 것도 있지만, 그런 종류는 많지 않다.

14. 생물의 적응 ―시행착오―

환경과 적응

적응이란 생물이 주어진 환경 속에서 살아갈 수 있도록 자신이 가진 모든 능력을 변화해 가는 것을 말한다. 이에는 유전적인 것과 그렇지 않은 것이 있는데, 엄밀하게는 양자를 구별하여 전자에는 적응, 후자에는 순응이라는 말을 쓴다.

여기서는 이 엄밀한 정의에 따라 적응을 유전적인 변화라는 의미로 쓰고자 한다. 사실 적응이라는 말은 매우 광범한 뜻으로 사용되고 있어, 엄격히 정의해 두지 않으면 이야기에 혼란이 생기기 때문이다. 어쨌든 정의에 따른다면 적응이란 "진화의 원동력"이라 할 수 있다.

생물은 그 탄생 이래 지구의 환경 변화에 맞닥뜨려 몇 차례에 걸쳐 적응해야만 했다. 수많은 개체 중에서 조금이라도 적응력이 뛰어난 것은 유리하게 자손을 번식할 수 있었으나, 적응력이 뒤떨어지는 개체는 차츰 도태되어 집단으로부터 사라져야 하는 운명이 기다리고 있었다. 그러나 자연조건이 언제나 삶과 죽음을 갈라놓을 만큼 가혹하지는 않았으리라 생각된다. 만약 생사가 걸려 있는 도태가 자연에 의해 지구 위에서 날마다 빚어졌더라면, 원시적인 생물부터 인간에 이르기까지 130만 종 이상에

달하는 생물종이 오늘날 존재할 수는 없었을 것이다. 그러므로 거의 모든 생물종이 살아갈 수 있을 만한 온순한 자연과 그야말로 적응할 수 있는 것만이 살아남는 엄격한 자연이 시대에 따라 또는 지역에 따라 복잡하게 존재했을 것으로 생각된다.

그러면 이제 어떤 생물이 매우 가혹한 환경에 처했다고 생각해 보자. 그 생물은 어떻게 될까? 새로운 환경 속에서 살아갈 수 있도록 서둘러 신체의 구조를 바꾸어 갈까? 아니면 체념하고 추세에 몸을 내맡겨 버릴까?

다음의 실험을 살펴보자. 이것은 필자가 시도한 연구의 결과이다. 카드뮴(Cd)이라는 금속은 생물에게는 매우 해로운데, 화학주기표를 보면 알겠지만 그 화학적 성질이 아연(Zn)과 매우 닮았다. 하지만 아연은 없어서는 안 되는 원소이고 카드뮴은 해로운 원소이다. 화학적 성질이 흡사한데도 한쪽은 필수원소이고 한쪽은 유해원소인 예는 이것 말고도 있다.

내성균

카드뮴을 함유하는 배양액에 효모균을 이식하면 그림에서 볼 수 있듯이 균은 성장을 멈추고 오랜 시간을 넘긴다. 그러다가 차차 성장을 시작하여 마침내 최고 수준에 도달한다. 일단 여기까지 도달한 효모균을 다시 카드뮴을 함유하는 배양액 속에 이식하면 이번에는 곧장 성장하기 시작한다.

즉 카드뮴을 함유한 배양액에 접하면 카드뮴에 저항성을 갖는 내성균

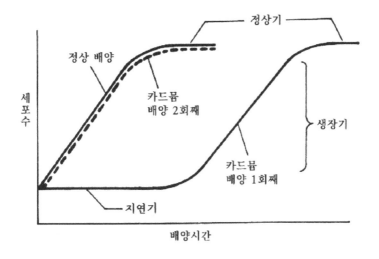

그림 14 | 효모균의 가드뮴 적응

이 새로이 태어나는 것이다. 그러면 이 내성균은 어떻게 태어났을까? 카드뮴을 접하면서부터 그 속에서 살아갈 수 있게 서둘러 세포를 개조한 것일까?

연구결과는 뜻밖의 사실을 가르쳐 주었다. 카드뮴 내성균은 카드뮴을 만나기 전부터 있었던 것이다. 즉 카드뮴을 접한 적이 없는 효모균을 배양해서도 카드뮴 내성균을 추출할 수 있었던 것이다. 그러므로 카드뮴을 접하게 되자, 이전부터 섞여 있었으나 눈에 띄지 않던 내성균만 성장했던 것을 알 수 있다.

생물집단

생물의 집단 가운데는 평상시에는 눈에 잘 띄지 않지만 특별히 뛰어난 능력을 가진 별난 종이 여러 가지 섞여 있다. 그러다가 이 집단이 새로운 환경으로 옮겨가면 그 환경에 적합한 능력을 가진 것만 부쩍부쩍 성장한다. 일반적으로는, 생물의 집단이 균일한 것으로 생각하기 쉬우나 사실은 갖가지 변종의 혼합 집단이라고 할 수 있다. 그러나 이 속에 어떤 능력을 가진 것이 섞여 있는지는 그 능력이 시험될 만한 환경이 주어지기까지는 알 수 없다.

생물의 진화는 이와 같이 환경의 변화에 따라 그것에 적응하는 별난 종이 우세하게 살아남아 다음 세대를 형성해 가는 현상이다. 즉 생물집단은 외관상으로는 새로운 환경을 맞아 시행착오라 할 만큼 갈팡질팡하면서도 꿋꿋하게 적응해 가는 듯이 보인다. 그러나 집단 속에서는 언제나 살아남기 위한 투쟁이 계속되고 도태가 되풀이되고 있다. 생물집단은 결코 균일한 개체의 모임일 수 없으며 반드시 개체차가 나타나고 있다. 그 개체차가 새로운 환경에서의 승자, 패자를 결정하는 것이다. 그러나 우세를 잃게 되면 사멸하는지 어떤지는 환경조건의 엄격성에 달렸다 하겠다. 다만 과거의 지구조건은 전체적으로 보아 그렇게 엄격했던 것은 아니었으리라 여겨진다.

15. 호흡의 기원

원시 생물계

원시의 지구 대기에는 산소가 포함되어 있지 않았으므로 당시의 생물들은 산소 호흡이 아닌 발효에 의해 생활에너지를 얻고 있었다. 즉 영양이 될 유기물을 산소 없이 분해하여 거기서 얻는 ATP를 사용했다.

알코올 발효라든가 젖산 발효 등이 잘 알려진 예인데, 효모균이나 젖산균이 각각 당을 발효에 의해 분해하고 그 결과 에틸알코올이나 젖산이 생산되는 현상이다. 알코올 발효는 술, 위스키, 맥주, 포도주 등의 양조에, 또 젖산 발효는 요구르트 등의 젖산음료 양조에 이용되고 있다. 이것은 효모균이나 젖산균이 당으로부터 생활에너지를 추출하고 난 찌꺼기를 사람들이 얻어먹고 있는 것이다.

산소의 기원

발효생물의 뒤를 이어 이 지구 위에는 광합성생물이 나타나는데, 광합성세균이 그것이다. 광합성세균은 지금도 수많은 종류가 생존하고 있지만, 가장 조상형에 속하는 것은 역시 산소가 없는 상태에서 광합성을 한

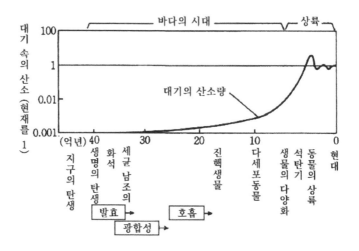

그림 15 | 대기 산소는 남조의 광합성에서 시작된다

다. 이들 세균이 광합성을 진행할 때는 탄소동화에 필요한 수소(H)를 황화수소(H_2S) 등으로부터 얻기 때문에 그 찌꺼기로 황(S)이 생긴다. 그런데 광합성세균의 뒤를 이어 가장 능률적인 광합성 구조를 갖춘 남조가 태어났다. 이 생물은 탄소동화에 필요한 수소를 물(H_2O)로부터 취하게 되었으므로 그 찌꺼기로 산소(O_2)를 바깥으로 내버리게 되었다. 광합성세균은 태양광선과 이산화탄소만은 지구 위 어디에서든 필요한 만큼 얻을 수 있었으나, 수소원인 황화수소 등은 온천과 같이 극히 제한된 지역에서만 얻을 수 있었다. 따라서 광합성세균은 그다지 크게 발전하지 못했다. 그런데 남조가 수소원으로 사용하는 물은, 물에 잠긴 행성이라고 일컬어질 만큼 물이 많은 지구 위이기 때문에 부족함이 없었다. 따라서 남조는 물물을 가리지 않고 온 지구 위 도처에 분포하게 되었다. 그 결과 지구 대기 속의 산소농도가 자꾸만 높아지게 되었고, 남조에 이어 진화한 식물도 모두 산소를 발생하는 남조형 광합성을 이어받았기 때문에 대기 속의 산소 축적이 급속도로 진행되었다.

산소의 독

산소는 원래 생물에게 해로운 것이다. 여러분은 상처가 나면 소독제로 옥시풀을 상처에 바를 것이다. 옥시풀은 과산화수소를 물에 녹인 것인데, 이것이 상처의 분해효소(카탈라제)에 의해 분해되면 활발하게 산소의 거품을 일으키는 것을 볼 수 있다. 이 산소는 상처에 침입한 세균을 죽이므로 바로 이것이 옥시풀 소독법인 것이다. 오늘날의 공기에는 산소가 20%가량 포함되어 있는데, 그 이상의 농도가 되면 인간뿐만 아니라 대개의 생물들도 위험하게 된다. 아득한 옛날, 대기에 아직 산소가 함유되어 있지 않은 시대에 살았던 생물의 자손들은 지금도 깊은 물속이나 흙 속에서 살고 있는데 그들은 공기에 드러나면 죽어 버린다.

산소 호흡

그렇다면 현재의 공기 속에서 살고 있는 생물들은 왜 죽지 않을까? 그것은 모두 산소의 독성을 없애는 구조를 갖추었기 때문이다. 이렇게 작용하는 효소로는 수퍼옥시드 디스무타제, 카탈라제, 페르옥시다제 등 세 가지가 알려져 있다. 생물은 만만찮은 존재이다. 이번에는 독물인 산소를 에너지대사에 이용하기 시작했다. 그것이 산소 호흡대사이다. 호흡대사에서는 당을 철저하게 분해하여 이산화탄소와 물로 만든다. 이때 대량의 에너지와 더불어 전자($電子$)가 방출된다. 거기서 이 전자를 버리는 장치로 산소가 사용되고 있는 것이다. 전자와 수소이온(물속에 함유되는)과 산소를 화합시켜 해가 없는 물로 만들어버리는 것이다. 우리가 호흡운동으로 흡수한 산소는 허파로부터 혈액을 타고 몸속의 각 세포로 분배되어 이렇게 사용되고 있다.

발효에서는 당이 분해되어도, 아직 많은 에너지가 포함된 알코올이나 젖산의 상태로 남게 되는데, 호흡에서는 거의 에너지가 남아 있지 않은 이산화탄소와 물로까지 분해된다. 그러므로 1분자량의 포도당, 즉 180g의 포도당으로부터 발효생물은 ATP를 2분자밖에 수확할 수 없으나, 호흡생물은 무려 38분자를 수확하고 있다. 19배의 수확률이다. 산소 호흡이 발효와 비교하여 얼마나 진화된 능률적인 에너지 생산인가를 알 수 있을 것이다.

방금 산소는 전자의 최종적 폐기장소라 말했지만, 전자의 폐기장소로 질산 등을 사용할 수 있는 생물이 있다. 이와 같은 대사는 질산 호흡 또는 무산소 호흡이라 불린다. 그러나 이와 같은 호흡을 하는 생물은 세균 무리의 일부에 국한되어 있으므로, 단순히 호흡이라고 말하면 산소 호흡을 가리킨다.

16. 남조는 진화의 가름점 ―진핵세포의 기원―

두 종류의 세포

남조는 그 기원이 매우 오래된 조류(藻類)이다. 보통, 바다나 육지를 가리지 않을 뿐더러 고온의 온천이라든가, 사막의 바위틈 등 극단적인 환경 속에서도 살 수 있는 뛰어난 생활력을 지닌 생물이다. 서오스트레일리아의 노스폴에 있는 30억 년 전의 암석 속에서 그 화석이 발견되었는데, 기나긴 역사 속에서 몸에 지니게 된 끈질김에는 그저 경탄할 따름이다. 이제 이야기가 나오겠지만, 생물진화상으로 매우 중요한 위치에 있으면서도 최근에야 주목을 끌게 된 이 생물에 대해서는 이제껏 별로 연구된 바가 없다. 그 이유는 인간에게 특히 해가 될 만한 것도, 이익도 없는 생물이었기 때문이다. 무엇이나 도움이 되든, 해가 되든 어느 한쪽은 되어야 그 연구에 발전이 있을 수 있는 게 오늘날의 연구풍토가 아닐까? 남조는 이따금 수원지에 번식하여 수돗물에 악취가 나게 하는 정도의 것일 뿐, 그 이용가치를 인정받지 못한, 특별한 병원성도 없는 크기가 아주 작은 말(微生物藻)이다.

어떤 생물이나 세포로 이루어져 있는데, 자연계에는 두 종류의 세포가 있어 원시적인 세포와 진화한 고등 세포로 나눌 수 있다. 전자를 원핵(原

核)세포라 하며 세균이나 남조의 세포가 여기에 속한다. 후자는 세균이나 남조보다 진화한 생물의 세포로서 진핵(眞核)세포라 불린다.

원핵세포는 책머리에 실은 그림에서 볼 수 있듯이 우선 진핵세포와 같은 핵이 없다. 세포의 DNA(유전자)는 핵에 모여 있는데, 원핵세포에는 그것이 없으므로 DNA가 세포 속에 흩어져 있다.

원핵세포와 진핵세포의 차이는 그 외에도 있다. 진핵세포에는 미토콘드리아라는 호흡대사가 진행되는 소기관이 있으며, 식물이라면 광합성대사에 관여하는 엽록체까지 있다. 원핵세포도 물론 호흡이나 광합성을 진행하지만 미토콘드리아나 엽록체와 같이, 성채와 같은 이중막으로 그 기관이 감싸여 있지 않고, 세포 내에 널리 퍼져 있는 막에 포함되어 있다.

세포의 진화

진핵세포는 원시적인 원핵세포로부터 어떤 경과를 거쳐 진화해 왔을까? 필자는 이 문제에 깊은 흥미를 가져 연구하고 있다. 1986년 캘리포니아대학의 버클리 분교에서 개최된 생명의 기원 국제회의에서도 이 문제는 관심을 모았다. 필자는 논문 발표에서 진핵세포의 기원이 된 원핵세포는 남조의 조상이고, 식물세포가 엽록체를 상실하여 동물세포가 되었다는 가설을 제시했다. 아래에 그 논거를 설명하겠다.

남조세포는 전자현미경 사진에서 볼 수 있듯이 우선 맨 바깥쪽에 두꺼운 세포벽이 있다. 이 벽은 세균의 것과 같은 종류이고 특히 대장균의 것과 흡사하다. 세포벽의 안쪽에는 세포막이라는 매우 얇은 지방질 막이 있다. 이 막은 세포벽보다 결이 미세해서 물질의 통과가 그다지 자유롭지 않다. 이 막 속에서 호흡대사가 이루어진다. 이제 좀 더 세포 속으로 들어가 보기로 하자. 여러 겹으로 되어 있는 막이 가장자리를 두르고 있는데 이 막을 틸라코이드(Thylakoid)라 부른다. 이곳에서는 광합성과 호흡대사가 이루어지고 있는데, 광합성은 전적으로 이 틸라코이드에서만 이루어진다.

좀 더 가운데로 시야를 옮겨 보자. 하얗게 드러나 보이는 부분은 DNA가 모여 있는 곳이다. 남조에는 지금 이야기한 것과 같은 핵을 형성하는 이중막의 울타리가 없지만, 어떤 종류에서는 이 사진과 같이 그냥 막으로 DNA를 감싸버리면 핵이 될 수 있을 정도로 DNA가 중심에 잘 모여 있다.

막 진화설

남조로부터 진핵세포가 태어나면서 거쳤으리라 생각되는 과정을 그림으로 그려 보았다. 남조세포에서는 큰 DNA의 실이 세포막이나 틸라코이드막에 밀착한 상태로 존재한다. 또 이 DNA의 실에는 호흡대사와 광합성에 관여하는 유전자들이 각각 포함되어 있다. 어느 시기에, 이 DNA 실이 토막 나서 부착되어 있던 막과 함께 세포막으로부터 떨어지게 되었다. 분리된 막 조각은 붙어 있는 DNA 조각을 감싸버렸다. 호흡에 관여하는 유전자를 감싼 주머니는 후에 미토콘드리아가 되고, 광합성에 관계되

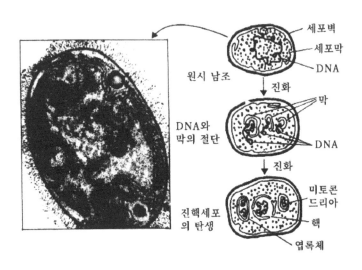

그림 16 | 진핵세포는 남조로부터 진화했다고 하는 설

는 유전자를 감싼 주머니는 후에 엽록체로 진화했다. 그리고 나머지 대부분의 DNA를 감싼 막은 핵이 된 것이라고 추측할 수 있는 것이다. 미토콘드리아나 엽록체의 DNA는 그 양이 매우 적어, 전자는 세포 내 DNA의 1%, 후자는 10% 정도를 차지한다.

이렇게 태어난 진핵의 식물세포로부터 엽록체를 상실한 것이 또한 동물이나 곰팡이 등 광합성을 하지 않는 세포가 되었으리라 추측된다. 원핵세포에서는 이 그림과 같이 세포막으로부터 DNA와 막이 절단되어 떨어져 나가는 것을 흔히 관찰할 수 있다.

17. 진핵세포는 모자이크인가?

모자이크설

진핵세포는 원핵세포로부터 진화한 것이라고 일반적으로 생각되고 있으나, 세포의 구조나 그 구조의 기능이 원핵과 진핵세포 사이에 큰 차이가 있기 때문에 이와 같은 견해에 반대하는 사람도 있다. 그러나 생물의 진화는 서서히 이루어졌고, 그 중간 단계의 생물이 오늘날에도 모조리 살아남아 있는 것은 아니므로 겉보기로는 불연속적인 것으로 여겨질 수 있다. 특히 세포 내부의 미묘한 미세구조는 화석으로도 남겨지지 않으므로 진화의 연속적인 흐름에서 생긴 틈새를 메울 수는 없게 마련이다.

진핵세포에는 미토콘드리아라고 하는, 그 단면이 짚신과 비슷한 소기관이 있다. 이것이 19세기 후반에 들어 광학현미경으로 관찰된 막대 모양의 세균과 그 크기와 형태가 흡사했으므로, 태곳적에 세포에 기생하게 된 세균이 변형된 것이라는 설이 나왔다.

한편 식물세포의 엽록체도 남조가 기생하다 변형된 것이라고 주장하는 견해도 있다. 그리고 비교적 최근의 일이지만, 마굴리스(L. Margulis)는 진핵세포의 표면에 돋아 있는 긴 회초리 같은 것(편모라고 한다)은 몸이 나선 모양으로 꼬불꼬불한 세균인 스피로헤타(Spirochaeta)가 기생하여 만들어졌다는 설을 제창했다. 즉 진핵세포 속에 보이는 주된 구조물은 외부로부터 침입해 온 원핵세포의 자손이라고 주장하고 있다.

그렇다면 이 세균들은 애초에 어디로 침입했는가, 즉 숙주는 누구일까 하는 것이 문제이다. 이것은 미코플라스마(Mycoplasma)였으리라 추측하고 있는데, 미코플라스마는 그 크기가 세균의 10분의 1도 안 되므로 자신의 몸보다 큰 것을 몇 마리나 삼킨다는 것은 무리였을 것이다. 이 미코플라스마도 역시 몇 마리가 모여 큰 형태를 만들어야만 했을 것이다.

이렇게 되면, 진핵세포는 적어도 몇 마리의 미생물이 모여서 모자이크 모양으로 집합체를 이룬 셈이 된다. 그러나 핵이 어느 개체로부터 왔느냐에 대해서는 시원한 설명이 없다. 현존하는 진핵세포의 DNA는 핵과 미토콘드리아, 식물이라면 엽록체까지, 도합 세 군데에 분산되어 있는데, 그 대부분은 핵 속에 있다. 거기에다 진핵세포의 편모에도 DNA가 포함되어 있다는 보고도 아직은 없다.

미토콘드리아나 엽록체의 DNA를 추출하여 어떤 유전자가 포함되어 있는지 현재 조사가 진행되고 있으나, 포함되는 유전자의 종류는 극소수로 한정되어 있는 것으로 알려져 있다. 이전에는 이 소기관은 핵 바깥에 있는 자기증식체라고 마치 살아 있는 생물처럼 말한 적이 있었지만, 이 정도 유전자의 종류로 증식을 한다는 것은 도저히 무리이다. 실제로 미토콘드리아나 엽록체가 본래의 기능을 발휘하고 증식하는 데 필요한 물질은 거의 모두 핵 안의 유전자가 통제하여 세포질에서 합성된 다음 각각의 소기관으로 보내지고 있는 것이다.

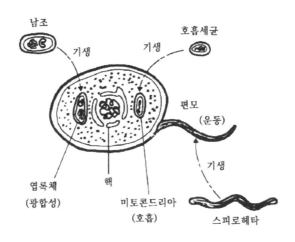

그림 17 | 진핵세포는 원형생물의 모자이크라고 하는 설(마굴리스)

진핵세포 모자이크설을 지지하는 사람은 그 옛날, 미토콘드리아나 엽록체에 있었던 수많은 유전자가 핵 쪽으로 이동해 갔기 때문이라고 설명하고 있다. 과연 어떠할지? 확실히 한두 개의 유전자가 미토콘드리아로부터 핵으로 이동했다는 증거가 제시되어 있기는 하지만, 미토콘드리아와 엽록체의 DNA 사이에도 비슷한 부분이 매우 광범위하게 많이 존재한다는 실험보고도 있다.

5배체

소기관과 핵 사이에서뿐만 아니라 소기관끼리도 어느 정도의 유전자를 주고받았으리라 여겨진다. 생물의 종류가 다르더라도 그들 사이에 공통되는 유전자가 꽤 있었을 것이다. 따라서 진핵세포가 만약 5종류의 미생물이 모자이크된 개체라면, 그 세포는 같은 유전자를 다섯 벌 가질 수 있을 것이다. 즉 5배체(五倍體)가 되고 마는 것이다. 모자이크설의 지지자는 여분의 유전자는 버려졌다고 설명할 것이다. 또 미토콘드리아는 산소 호흡을 하는 세균이 기생한 모습이고, 엽록체는 광합성을 하는 남조가 기생한 모습이라고 이원적으로 생각하지 않더라도, 남조 자신은 광합성과 산소 호흡의 두 가지를 다 할 수 있는 것이다.

진핵세포의 모자이크 집합설은 그림으로 그리기도 쉽고 단순하여 이해하기 쉽지만, 필자로서는 도무지 납득이 가지 않는 주장이다. 세포의 구조는 끼워 맞추기 세공과 같은 이질체의 집합은 결코 아니며, 소기관 사이에는 그 기원에서부터 복잡한 관계가 있었을 것이다. 그렇지 않다면 현재 진핵세포의 소기관 사이에서 전개되고 있는 것과 같은 미묘하고 동적인 관계가 성립될 턱이 없다. 게다가 지금의 설명으로도 알 수 있듯이, 중요한 점에서의 가정이 지나치게 많다. 그러나 현실적으로는 이 모자이크설을 지지하는 사람이 많다.

18. 식물과 동물 사이 ―유글레나―

생물계의 진화

휘태커(Whittaker)는 생물의 세계를 진화과정에 따라 다섯 가지로 분류했다. 세균이라든가 남조와 같은 가장 원시적인 생물계(모네라: Monera)를 토대로 하여, 그보다 진화한 아메바 같은 단세포 진핵생물(원생생물)을 그 위에 두었다. 이 원생생물(原生生物)은 다음 세계로 크게 진화하기 위한, 말하자면 모색기에 태어난 생물들이다. 그러므로 원생생물계의 생물들은 저마다 특징이 많고 종류도 매우 많다. 시대가 경과함에 따라 이들에게서 세 개의 큰 흐름이 나타났다. 그것은 식물로의 흐름, 동물로의 흐름, 곰팡이류로의 흐름이었다. 그 이외의 방향으로는 커다란 진화의 흐름이 나타나지 않았다. 나타나지 않았다고 하기보다는 여러 가지로 싹은 텄지만 대부분 생존경쟁을 이겨내지 못하고 크게 발전하지 못했다고 하는 편이 옳을 것이다.

왜 식물, 동물, 곰팡이의 세 방향으로만 발전했을까? 휘태커에 의하면, 이 세 방향은 각각 어떻게 먹이를 얻느냐 하는, 전문적으로 이야기하자면 영양형에 따른 것이라고 한다. 더구나 이 세 방향의 영양형은 서로 다투지 않고 공존할 수 있는 구조를 취하고 있는 것이다.

먼저 식물로 말하자면, 이들은 광합성을 한다. 이들은 필요한 태양광선과 이산화탄소와 물이 이 지구 위에 충분했기 때문에 크게 발전할 수 있었다. 그렇지만 지구 위에는 갖가지 환경이 있으므로 그것에 적응하는 여러 가지 식물이 나타나게 된다.

동물은 광합성도 화학합성도 할 능력이 없으므로 살아가는 데 필요한 영양물질을 외부에서 얻어야만 한다. 그렇다고 몸 주변에 언제나 풍부한 영양물질이 있는 것은 아니므로 스스로 행동해서 찾지 않으면 안 된다. 즉 움직이는 능력을 갖추어야만 살아갈 수 있었던 생물이다. 동물에서도 지구환경이나 생물환경에 대응하여 여러 가지 적응형이 나타났다. 식물은 움직이지 않고 일정한 장소에 정착해 있어도 충분히 광합성을 할 수 있으므로, 동물들은 이들과 다툴 필요가 없었다.

곰팡이는 광합성이나 화학합성도 할 수 없는 데다 또 움직이는 능력마저 없다. 따라서 "살아 있는 생물체 또는 사체에 부착하여 거기서부터 영양물질을 흡수하는 영양법을 취했다. 동물이나 식물에는 못 미치지만 환경에 맞추어 여러 종류로 진화해 왔다. 이렇게 봤을 때, 생물의 세계에서는 과거도 현재도 아마 장래에도 영양법이야말로 최대의 과제임을 깨달았을 것이다.

유글레나

이런 가운데서 동물로서의 성질과 식물로서의 성질을 모두 두루 갖춘 유복한 생물이 나타났다. 그것은 연두벌레라고도 불리는데, 연두는 푸르름, 즉 식물을 뜻하고, 벌레는 동물임을 나타낸다. 학명으로는 유글레나(Euglena)라고 하며, 식물분류학에도 동물분류학에도 얼굴을 내밀고 있는 희한한 생물이다. 왜 그렇게 되었는지 이제 살펴보자. 형체는 〈그림 18〉에서 보듯이 단세포로서 전체적으로는 방추형을 하고 있다. 일반적으로 1~2개의 회초리 같은 편모를 가졌는데, 한 개는 짧고 한 개는 길게 뻗어 있다. 이것이 운동기관이다. 거기에다 이 유글레나는 붉고 아름다운 안점(眼點)이 하나 있는 외눈박이다. 학명 유글레나는 아름다운 눈을 뜻한다.

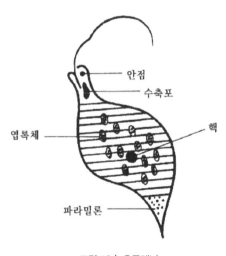

그림 18 | 유글레나

이것은 식물에는 없는 시각기관으로, 여기서 빛을 감지하여 편모를 움직이면서 그 방향으로 나아간다.

한편, 유글레나에는 엽록체가 있어 훌륭하게 광합성을 한다. 그 구조는 고등식물의 엽록체와 같다. 흥미로운 사실은 자외선이나 고온 또는 항생물질에 드러나면 엽록체를 상실한다는 점이다. 물론 다시는 광합성을 하지 못하므로 영양 즉, 유기물질을 공급받지 못하면 더 이상 자라지 못한다. 완전하게 동물로 되어버리는 셈이다.

동물이면서 식물이기도 하다는 성질은 이 밖에도 여러 가지 더 있다. 우선 광합성에 의한 저장물질은 일반 식물에는 없는 파라밀론(Paramylon)이다. 이것은 녹말과 마찬가지로 다당류이지만 화학구조가 전혀 다르다. 또 동물은 합성할 수 없는, 따라서 외부로부터 섭취해야 하는 필수아미노산이 여러 가지 있는데, 유글레나는 모든 아미노산을 스스로 합성할 수 있다. 이 점으로 보면 식물이라고 할 수 있다.

또 세포를 감싸고 있는 외막은 식물세포의 세포벽에 해당하는데, 그 단백질은 동물세포의 특징을 보이고 있다. 세포 단백질의 아미노산 조성도 오히려 동물에 가깝다.

동물이 될까, 식물이 될까 아니면 제3의 진화의 길을 택할 것인가 하고 방황하던 끝에 아직껏 그 어느 쪽으로도 결정을 내리지 못하고 있는 것이 유글레나일 것이다. 그러나 장래에는 더욱 효과적인 진화의 길을 찾아낼지도 모른다.

19. 다세포생물의 출현

단세포의 사회

생물의 조상으로 가장 오래 지속된 형태는 단세포였다. 이 단세포의 시대는 긴 세월에 걸쳐 계속되었다. 그동안에 세포의 내부구조는 다양하게 진화했지만 세포는 언제나 혼자 생활해 오고 있었다.

지금 대장균을 한천에서 배양해 보자. 처음에는 균이 작아서 어디에 있는지조차 분별할 수 없지만, 체온인 37°C로 보온해 하룻밤만 넘기면 균의 존재를 육안으로 뚜렷이 관찰할 수 있게 된다. 이것은 세포분열에 의해 증식한 균이 흩어져 나가지 않고 거기에 차츰 축적되어 솟아오르기 때문이다. 이러한 세균의 집합을 콜로니(Colony)라고 한다. 육안으로 보일 정도의 콜로니가 되자면 거기에 모여 있는 세균의 수가 1억 개는 능히 될 것이다. 이 콜로니 속에서 세균들은 어떻게 살고 있을까? 그들 서로는 따로따로 떨어지지 않기 때문에 덩어리를 만들고 있을 뿐, 서로 교제라고는 거의 없다.

그런데 훨씬 진화한 생물의 경우는 집합한 세포 사이에서 영양물질을 교환하거나 분업하거나 정보를 교환하거나 하며 매우 유기적이고 동적인 교제를 하게 된다. 산속의 외딴집에서 자손이 늘게 되자, 하나둘 분가해서 마을을 이루게 된 것이 콜로니(집락: 集落)이다. 이곳의 주민들은 생활을 편리하게 하기 위해 분업을 하게 되고, 역할을 분담하여 원활한 정보교환으로 활기찬 부촌을 만드는 것과 같은 일이 세포진화의 도정에서도 이루어졌던 것이다. 지금도 산촌에 가면 온 마을이 집성촌(集姓村)을 이루어 서로가 친척 사이인 곳이 있다. 그러나 그런 마을에도 요즘은 여러 가지 직업을 가진 사람들이 살고 있다.

다세포의 사회

그래서 세균처럼 언제나 단세포로 생활하고 있는 생물을 단세포생물이라 하고, 인간의 신체처럼 수많은 세포가 모여 하나의 개체를 형성하고 있는 생물을 다세포생물이라 한다.

그렇다면 생물이 진화해 오는 동안 다세포화는 언제쯤부터 시작되었을까 생각해 보기로 하자. 남조는 35억 년 전에 이미 살고 있었던 것 같다는 사실이 화석의 연구를 통해 알려져 있다. 이 화석 조사의 결과에 따르면, 초기에는 물론 단세포의 형태로 생활하고 있었는데, 30억 년쯤 전부터 이따금 세포가 세로로 이어진 실 모양의 남조가 나타나고 있다. 그리고 20억 년쯤 전에 이르면 이 실 모양의 남조가 급속히 지구 전체로 번지게 된다. 실 모양으로 바뀜으로써 무엇인가 특별히 생존력이 강해지는 점이 있었으리라 생각된다. 오늘날 그 정확한 분포 비율은 알 수 없으나 단세포와 실 모양의 것이 둘 다 나타나고 있다.

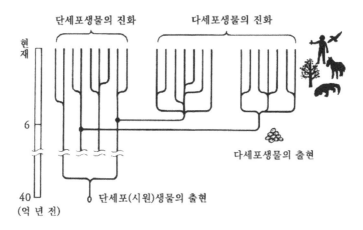

단세포생물의 진화　　다세포생물의 진화

현재

6

40
(억 년 전)

다세포생물의 출현

단세포(시원)생물의 출현

그림 19 | 다세포생물은 단세포생물로부터 태어났다

남조세포의 DNA 함유량을 살펴보면 종류에 따라 다르기는 하지만 다세포의 것에서는 단세포의 2배 내지 수배가 포함되어 있다. 즉 다세포화한 것은 단순한 세포의 집합이라기보다는 여러 가지 유전자의 작용이 필요했었다는 것을 알 수 있다.

다세포생물의 진화

생물이 진화하면서 본격적인 다세포가 나타나고 더 발전적인 생물이 된 것은 10억 년 조금 전쯤이라고 생각된다. 그것은 오스트레일리아의 비터스프링에 있는 10억 년 전의 지층으로부터, 대부분이 단세포생물인 화석 가운데 곰팡이의 화석이 발견되었기 때문이다. 그리고 부근에 있는 에

디카라의 6억 년 전 지층으로부터는 강장동물(腔腸動物: 해파리 무리), 환형동물(環形動物: 지렁이 무리) 및 절지동물(節肢動物: 곤충 무리) 등 척추를 갖지 않는 이른바 무척추동물의 화석이 출토되었다. 그런데 5~6억 년 전의 캄브리아기로 들어가면 폭발적으로 다세포 동식물이 나타나고 있다. 그러므로 다세포화는 캄브리아기 조금 전에 급속히 진행되어 여러 가지 새로운 종류를 낳은 것 같다.

다세포화 과정에서 중요한 점은 우선 몸의 중심 쪽 세포로 충분한 산소와 영양물질이 어떻게 공급되느냐 하는 것이다. 이를 위해서는 세포 사이에 액체를 왕복시켜 그를 통해 운반하게 하면 된다. 체액의 흐름을 만들고, 드디어는 임파액이나 혈액과 같이 관을 써서 순환시키는 구조가 발달해 왔다.

또 한 가지 중요한 점은 수많은 세포 사이에 정보를 전달하는 일이다. 서로 이웃하는 세포 간에는 대사산물을 교환할 수 있어 그것으로 연락이 되지만, 멀리 있는 세포와 연락을 취하는 것에는 더 효과적인 방법이 필요하다. 이 역할을 호르몬이 담당하는데, 그 호르몬을 혈액 등 순환계의 체액에 실어서 운반한다. 그리고 더 빨리 정보를 전달하기 위해서 신경이 태어나고 발달했다. 이리하여 재빠르게 움직이는 동물의 몸이 완성되었다. 생물의 과거 세계를 돌이켜 보면 정보 시스템이 발달한 동물일수록 진화해 있는 것이 확실하다.

20. 생물의 정보 시스템

정보수집

생물은 환경을 벗어나서는 살아갈 수 없다. 환경의 변화를 민감하게 파악하여 그것에 몸을 순응 또는 적응시켜 생명을 유지하고 있다. 만약 이것에 실패하면 종족은 쇠퇴하거나 죽음에 다가서게 된다. 그러므로 생물은 단세포의 것에서부터 다세포의 것에 이르기까지 예외 없이 환경으로부터의 정보를 인식하고 그것에 반응하는 구조를 지니고 있다. 이 정보 시스템은 원시적인 단계에서 출발하여 진화해 오는 동안 효율적이고 고도한 시스템으로 발전해 왔다. 이제 몇 가지 예를 들어 설명하기로 한다.

생명은 정보를 받으면 그것을 인식하여 분석하고 검토해서 대응책을 결정한 다음, 그것을 실행하기 위한 명령을 내리고 마지막으로 행동하는 구조를 갖고 있다. 이 정보신호는 두 가지로 나뉘는데, 화학신호와 전기신호가 그것이다.

화학신호에는 매우 많은 종류가 있다. 이를테면 한 개체 속의 여러 가지 세포 사이에서 사용되는 호르몬이라든가, 암컷과 수컷이 서로 유혹할 때처럼 개체 사이에서 사용되는 페로몬(Pheromone) 등이 포함된다. 한편 전기신호라면 동물의 신경이다. 물론 신경세포가 전기신호를 전달할 때는 화학신호도 동시에 사용하고 있다. 우선 화학신호부터 살펴보기로 하자.

영양물질도 하나의 화학신호이다. 이를테면 대장균에 포도당과 젖당을 섞어 주면 먼저 포도당만을 흡수하여 이용한다. 그리고 포도당을 다 쓴 뒤에야 젖당을 쓰게 된다. 포도당과 젖당의 화학구조의 차이를 인식하고 각각의 분해효소를 잘 가려 쓰고 있는 것이다. 대장균은 또 운동장치로서 편모라고 하는 기다란 꼬리를 갖고 있다. 지금 이 균 가까이에 아미노산액 한 방울을 떨어뜨려 주면 편모를 프로펠러처럼 회전시키면서 그 방향으로 달려간다. 반면 초산액을 떨어뜨려 주면 반대 방향으로 도망친다.

호르몬

더욱 고도한 화학신호로는 호르몬이 있다. 하등한 바다생물에서는 영양물질이 해수와 더불어 체내로 섭취되므로 소화관 내벽의 세포에서 그것을 흡수하는 원시적인 구조밖에 없다. 그러나 진화하여 척추동물 정도가 되면 영양섭취를 위한 소화기가 완벽하게 형성된다. 육상생물에서는 먹이가 저절로 입속으로 흘러들어가지는 않기 때문에, 소화기는 신경과 연동하여 적극적으로 먹이를 속으로 넣어 보내려 한다. 소화관 안쪽 표면에 있는 세포는 먹이 속의 화학물질을 감지하여 호르몬을 합성한다. 이 호르몬은 "소화효소를 합성하여 소화관으로 분비하라"라는 정보를 각각의 세포에 전달하는 구실을 한다. 세포가 화학신호를 받는 장소는 세포의 표면이다. 여기에는 특정한 신호물질하고만 결합하는 화학구조가 있어,

거기에 잘 수용되면 그것을 받아들여 세포가 응답한다.

생물이 진화하면 차츰 분업이 이루어지고 몸의 구조가 복잡하게 되는데, 그에 따라서 정보 시스템도 고도화한다. 그러나 화학신호를 사용하는 시스템은 아무리 하등한 생물이라도 갖추고 있는 데다 그 원리 또한 모두 같다. 성(性)페로몬은 이성 간에 교환되는 화학신호로서, 육상동물에서는 공기를 매개로 하여 교환할 수 있게 불포화지방산이라든가 에스테르처럼 기화하기 쉬운 물질이 사용되고 있다.

신경

동물처럼 신속하게 행동하여 먹이를 잡아야 하는 것에서는 화학신호와 같이 느리게 전달되는 것 이외에 전달이 빠른 전기신호 즉, 신경이 발달했다. 아메바와 같은 원생동물은 아직도 화학신호에만 의존하고 있으나, 짚신벌레 정도로 진화한 것에서는 같은 원생동물이라도 이미 신경 비슷한 것이 만들어져 있다. 다세포생물의 경우, 강장동물인 히드라(Hydra)에서는 외부의 자극을 받아들여 그에 반응하는 작업을 1개의 세포가 하고 있는데, 더 진화하면 자극을 받는 세포와 응답하는 세포가 별개로 나뉜다.

다세포화가 진행되어 몸이 커지게 되자, 두 세포를 연결하는 말하자면 전화선에 해당하는 신경섬유가 만들어졌다. 이렇게 중계가 되면 먼 거리의 정보전달까지 가능하게 된다. 이런 정보 시스템을 증가시키면 신경망

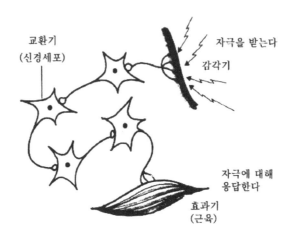

교환기
(신경세포)

자극을 받는다

감각기

자극에 대해
응답한다

효과기
(근육)

그림 20 | 신경은 전화망이다

이 완성되는데, 히드라에도 신경망이 갖추어져 있다.

변화가 많은 환경에서 동물이 살게 되면 자극의 종류도 더욱 늘게 되고, 그것에 맞추어서 응답 방법도 다양해진다. 이런 작업을 능률적으로 하기 위해 정보처리의 중추화가 진행되었다. 말하자면 중앙 지령실이 필요하게 되었는데, 이것이 곧 뇌이다. 진화가 진행됨에 따라 뇌도 대형화하여 훌륭한 정보처리능력을 갖추게 되었다.

21. 곰팡이의 세계

곰팡이의 적응

어떻게 영양물질을 손에 넣느냐는 것이 생물진화의 커다란 방향을 결정했다. 식물은 광합성에 의해 무기물로부터 영양물질을 만들어 내는 능력을 지니고 있다. 그리고 동물은 재빠르게 행동하여 먹이를 잡는다.

또 하나의 진화의 흐름은 광합성도 행동도 하지 않으면서 동물이나 식물의 시체나 그것이 분해한 유기물 등에 부착해서 거기서부터 영양물질을 흡수하는 지극히 소극적인 생물계로의 방향이다. 그것이 곰팡이류이다.

그런데 이 곰팡이류의 환경에 대한 적응력과 번식력은 동물이나 식물에 비할 바가 아니다. 지구에서 모든 생물이 소멸되더라도 마지막 유기물의 한 조각이 남을 때까지 곰팡이는 생존할 것이라고 말할 만큼 뛰어난 생활력을 갖고 있는 것이 곰팡이류이다. 이것 또한 인류로서는 당해 낼수 없는 일이다. 여러분은 의학용어로 진균증(眞菌症)이라는 말을 들은 적이 있을 것이다. 이것은 곰팡이가 가져다주는 질병이다. 백선, 무좀, 버짐 등과 같이 피부나 손톱, 발톱 등 몸의 표면을 침범하는 것이 진균인데, 내장을 침범하는 더 무서운 것도 있다. 히스토플라스마, 코크시디디스, 칸디다, 아스파라길루스 등이 진균으로 잘 알려져 있다.

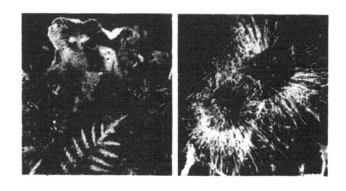

그림 21 | 다발을 만드는 곰팡이(버섯, 좌), 만들지 않는 곰팡이(털곰팡이, 우)

이를테면 히스토플라스마는 혈액 속에서 증식하면 백혈병, 빈혈, 발열 등을 일으키고, 내장에서 덩어리를 만들면 죽음에 이르게도 하는 곰팡이다. 그런데 다행하게도 내장이 침범되는 진균증은 그다지 많지 않다. 그러나 방심은 안 된다. 어쨌든 상대가 곰팡이니까 말이다.

곰팡이류는 인류뿐만 아니라 모든 생물에 대한 봉사자이기도 하다. 곰팡이는 그 성질상 대부분의 유기물을 분해하는 효소를 갖고 있다. 이를테면 곰팡이는 동물이나 식물이 분해하기 어려운 만난(Mannan: 곤약의 성분)이나 케라틴(Keratin: 손톱이나 뿔, 머리카락 등에 포함되는 단단한 단백질), 석유까지도 분해하여 동물이나 식물의 유해를 흙으로 돌려보내는 주역이다. 또 그렇게 함으로써 지구 위에서의 이산화탄소와 암모니아의 적당한 순환계를 형성하고 있다. 만약 곰팡이나 세균이 없다면 지상에는 시체가 누적되고 있을 것이다.

여러분도 잘 알고 있듯이 최근에는 항생물질에 의해 여러 가지 병원균을 퇴치할 수 있게 되었다. 그런데 인간에게 해가 없고 곰팡이만 죽일 수 있는 항생물질이란 사실상 없다. 곰팡이를 죽일 만한 강력한 항생물질은 인간도 해를 입는다. 무좀을 완치할 수 있는 항생물질이 없는 것은 이 이유 때문이다. 장마철에 곰팡이가 잘 생기는 것은 기온과 습도가 그 성장에 적합하기 때문이다. 그러나 다른 계절이라고 해서 없어진 것은 아니며 다만 휴면하고 있을 뿐이다.

여러 가지 곰팡이

보통 곰팡이라면 생기지도 못할 만한 조건 아래서도 증식하는 특수한 곰팡이가 있다. 일본의 간토(關東) 대지진(1923년) 때, 주위가 온통 불바다가 되었던 들판의 한 나무에서는 80~90℃의 고온 속에서도 증식하는 붉은 곰팡이가 살아 있었다고 한다. 이 곰팡이 포자의 내열성에는 그저 경탄할 뿐이다. 또 어떤 종류의 곰팡이는 고산이나 극지의 눈과 얼음 위에서 휴면할 뿐만 아니라 생활도 하고 증식할 수도 있다. 그러므로 물론 툰드라지대에도 많은 곰팡이가 서식하고 있기 마련이다.

보통 곰팡이라고 하면 솜과 같은 털이 돋은 사상균(絲狀菌)을 생각한다. 물론 곰팡이의 종류에 따라 백, 흑, 청, 적으로 여러 가지 색깔의 포자가 있다. 한편 술이나 빵을 만드는 데 쓰는 효모균과 버섯 등도 곰팡이의 무리이다. 효모균은 실처럼 길어지지 않고 언제나 단세포로서 생활하며, 광합성을 하지 못해 곰팡이와 같은 생활방식을 취한다. 또 버섯은 곰팡이의 낱낱의 실이 다발을 이루어 조직을 만들고 있는 종류이다.

곰팡이의 기원

곰팡이는 어떻게 이 세상에 태어났을까? 곰팡이의 기원은 아마 단세포생물이 다세포화할 무렵의 초기에 태어난 것으로 추정된다. 오스트레일리아에 있는 비터스프링의 10억 년 전 지층에서 가장 오래된 다세포생물이 발견된 바 있는데, 그것은 곰팡이류였다. 그 지층에서는 세균류가 3종, 남조 38종, 염색(焰色)식물 1종, 곰팡이류 2종이 분류되어 나왔는데, 앞에 든 세 종류는 모두 단세포생물이다.

또 곰팡이의 조상은 방선균(放線菌)이라고 불리는 세균의 일종으로 생각된다. 방선균은 실처럼 뻗어나거나 가지갈림을 하는 곰팡이와 흡사한 진화한 세균으로, 토양 속에 살고 있다.

그러나 양자의 근본적인 차이는, 방선균은 핵을 갖지 않는(원핵) 단세포생물인 데 비해 곰팡이는 핵을 갖는(진핵) 다세포생물이라는 점이다.

22. 바다생물의 진화

생명의 어머니, 바다

바다와 생물은 불가분의 관계에 있다. 바다는 어머니이며 생물은 거기서 태어나 자라왔다. 40억 년 전 생명은 화학진화를 거쳐 바다에서 태어났다. 이후 식물은 4억 년쯤 전까지, 동물은 3억 년쯤 전까지 36~37억 년 동안 생물은 바다에서 벗어나지 못했다.

생명의 역사의 대부분을 차지하는 이 바다의 시대에, 생물의 세계에서는 여러 가지 일이 일어났고 또 갖가지 종류의 생물이 새로 무리 속에 들어왔다. 왜 생물은 이렇게 오랜 시간을 바다에서 보냈을까? 그것은 바다가 생물의 생존에 적합한 환경조건을 갖추고 있었다는 것을 첫째로 들 수 있을 것이다. 식물이 전혀 없던 당시의 육상을 상상해 보자. 마치 사막과 같은 대기를 가진 지상의 자연은 참으로 황폐한 모습이었을 것이다. 그것에 비해 바다는 물이라는 비열이 큰 매질 덕분에 온도의 변화도 적었고, 또 심해는 거친 파도도 없는 조용한 환경이었다.

또 한 가지 중요한 일은 해양이 매우 컸다는 사실이다. 물의 행성이라 불리는 이 지구 표면은 바다가 70%나 된다. 이 거대한 수조 속에서 바다의 생물은 마음껏 살며 발전할 수 있었을 것이다. 그들은 육상이나 강이나 호소(湖沼)에서 사는 생물처럼 자신이 생활하는 세력권의 획득에 밤낮 없는 싸움을 이어갈 필요도 없었을 것이다. 바다는 생물에 대해 엄청나게 큰 포용력을 지니고 있기 때문이다.

단순히 바다라고 하지만, 거기에는 양극에서부터 적도까지의 온도 변화, 해류, 지상에 못지않을 만큼 복잡한 해저, 산호초가 형성하는 2차적인 해산(海山), 해저화산의 분화, 대양 플레이트의 이동 등 실로 다양한 환경이 존재한다. 생물들은 이들 환경 속에서 보다 많은 자손을 증식하기 위해 적응을 거듭해 왔다. 그리고 현재에 보는 것과 같은 다채로운 생물 세계가 형성된 것이다. 특히 식물계는 진화적으로도 생태적으로도 크게 발전했으며, 그것이 동물계의 발전을 도와 왔다는 것은 특히 강조해 두어야 할 일이다. 그러면 다음에는 바다의 시대에 생물의 세계는 어떤 진화적 발전을 이룩했는지를 살펴보기로 하자.

해조(海藻)

바다에서 태어난 생물은 단세포 시대를 거쳐 다세포 시대로 들어갔다. 그것에 의해 다채로운 종류의 생물이 태어났다. 지금부터 10~6억 년 전의 선캄브리아 시대 말기의 일이다. 화석의 기록에 따르면, 우선 식물계에서는 녹조(綠藻)류가 발달해 있다. 녹조류에는 클라미도모나스, 클로렐라와 같은 단순세포도 있으나, 다세포화한 파래, 청각, 윤조(輪藻) 등은 여러분도 잘 알고 있을 것이다. 게다가 김이나 우뭇가사리 무리의 홍조류(紅

藻類), 이어서 미역과 다시마 무리인 갈조류(褐藻類) 등 차츰 대형의 것이 나타났다. 이것은 물속에 다다르는 빛의 파장을 이용하는 능력에 따라서 생겨난 것이다.

바다에 사는 식물에서는 뭍의 것과는 다르다고나 할까, 말하자면 원시적인 특징을 여러 가지 점에서 볼 수 있다. 우선 중요한 점은 체형이다. 바닷속에서 무기물 등의 영양물질은 몸속으로 흡수해야 하므로 납작한 형상을 하고 있다. 다음에는 바닷속은 큰 부력(浮刀)이 작용하기 때문에 자신이 애써 서 있어야 할 필요가 없다. 따라서 줄기 따위가 발달하지 않았다. 그러나 단세포의 것은 파도에 흔들려 어디까지든 흘러가지만, 다세포가 될 것 같으면 해저의 바위 등에 단단히 달라붙어 생활 장소를 정하기 때문에 부착근이 생겨났다.

바다의 동물

다음에는 바다의 동물을 살펴보기로 하자. 아메바 등 원생동물은 단세포인데 해면(海綿)동물에 이르면 다세포화 되어 있다. 화석을 보면, 무척추동물은 어느 것이나 오랜 역사를 지녀, 그 기원이 6억 년 이전으로 생각된다. 흥미로운 일은 그 후 동물계에서 척추를 갖는 것이 태어나 이것들이 크게 발전하여 육상으로까지 진출하게 된 점이다. 우렁쉥이라든가 창고기 등 원삭(原索)동물이라 일컬어지는 무리에서는 척삭(脊索)이라 하여 원시적인 척추가 생겨났다.

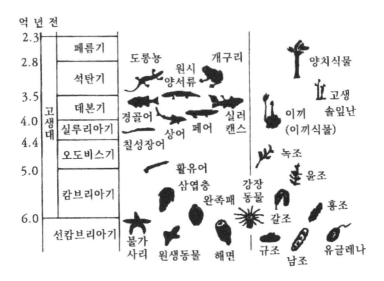

그림 22 | 바다의 생물진화

이들에 이어 상어와 가오리에 속하는 연골(軟骨)어류가 나타나고, 다시 보통 물고기, 즉 경골(硬骨)어류로 진화했다. 이들 중에서 특히 흥미가 있는 것은 살아 있는 화석이라 불리는 실러캔스와 폐어(肺魚) 등이다. 그들에게는 지느러미에서부터 다리로, 부레로부터 허파로의 분화가 일어나기 시작하고 있다. 바꿔 말하면 이것들은 뭍에 오를 준비가 되어 있는 물고기이다. 그러나 이와 같은 진화는 장래를 미리 내다보고 사전에 준비하고 있었던 것은 아니다. 어류라고 하지만 과거에 여러 번이나 물 바깥으로 내동댕이쳐지곤 했던 것이다. 그것은 해저의 융기라든가 썰물 또는 호수가 말라버리는 등 지구환경이 격변했던 결과이다.

23. 생물의 상륙을 위한 진화

식물의 상륙

생물의 진화 역사를 크게 보면 그 후의 진화의 기초가 될 만한 중요한 단계가 몇 가지 있음을 알게 된다. 바다에서 최초로 물에 올라온 진화도 그것에 해당한다. 왜 생물은 일부러 상륙하게 되었을까? 바다생물은 바닷속에 있는 편이 환경조건도 온건하고, 또 바다에서 생활하기 편리하도록 신체의 구조가 이미 완성되어 있었을 터인데, 그들이 바다를 버리고 육지를 선택한 데는 그 나름의 이유가 있었을 것이다.

생각할 수 있는 이유는, 얕은 바다 또는 하구에 살고 있던 생물이 지각의 변동으로 근처에 있던 물과 함께 송두리째 들어 올려지고, 이윽고 그곳이 말라 육상이 되어 버린 것이다. 지질학적으로도 과거에 이와 같은 지각의 융기가 자주 일어났었다는 것이 잘 알려져 있다.

바다의 생물집단이 과밀해지자 신천지를 구하여 상륙했다고 하는 적극적인 자세가 하등한 생물들에게 있었는지 어떤지는 분명하지 않지만, 그렇게 생각하기는 다소 어려운 일이다. 이 경우 생물이 상륙할 때는 바다에서 직접 올라왔다기보다는 하구 근처에서 민물에 익숙해진 뒤에 상륙했을 것으로 생각하는 것이 좋을 것 같다.

처음에 상륙한 것은 동물일까 식물일까? 얼핏 생각하면 동물에게는 행동력이 있으므로 동물 쪽이 먼저일 것처럼 보이지만 사실은 반대로 식물이 먼저이다. 그것은 식물은 햇빛과 물, 이산화탄소에 무기물이 있으면 광합성으로 자신의 영양물질을 만들 수가 있지만, 동물은 외부로부터 영양물질을 받지 않으면 살아갈 수가 없기 때문이다. 생물이 일체 살고 있지 않은 당시의 육상에는 영양물질이 없었을 것이다.

실제로 화석조사의 결과에서도 식물은 4억 년쯤 전, 동물은 약 3억 년 전에 상륙했다는 것이 밝혀져 있다. 동물이 상륙한 3억 년 전이라는 것은 지질학에서는 석탄기라 불리며, 식물 특히 양치류가 크게 번성한 시대이다. 즉 식물들이 동물이 살아갈 수 있을 만한 환경을 이미 만들고 있었던 것이다.

뿌리·줄기·잎의 분화

그렇다면 식물은 문자 그대로 불모인 땅에 어떻게 상륙했을까? 육상에서 안전하게 생활을 할 수 있으려면 그 나름의 구조를 몸에 지니지 않으면 안 된다. 여기에는 우선 건조에 견뎌낼 수 있는 구조를 완성할 필요가 있다. 몸의 수분 증발을 방지하고, 땅속으로부터 수분을 빨아올려 몸의 상부로까지 보내야만 한다. 현존하는 육상식물을 살펴보면 큐티클(Cuticle: 角皮)로 표면을 덮어 수분의 상실을 방지하고 있으며, 체형을 뿌리, 줄기, 잎으로 나누어 수분을 흡수 및 수송하고 있다. 물에 사는 조류(藻

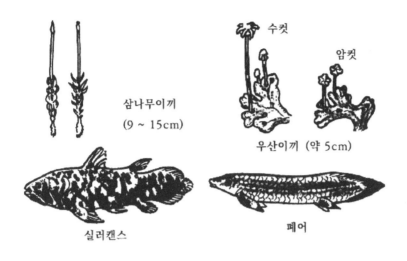

삼나무이끼
(9 ~ 15cm)

수컷

암컷

우산이끼 (약 5cm)

실러캔스

폐어

그림 23 | 바다로부터 상륙을 시도한 생물들

類) 중에서는 윤조(輪藻)가 이 체제의 원형을 갖고 있다. 그것은 육상의 쇠
뜨기와 아주 닮았다.

그러나 본격적으로 상륙한 가장 오래된 식물은 이끼류였다고 보고 있
다. 이끼류는 저지의 물가라든가 습지대에서 크게 번식한 듯하다. 그 후
에 태어난 원시적인 양치의 고생(古生) 솔잎난류도 활발하게 육상으로 진
출했다는 것을 화석의 기록으로부터 엿볼 수 있다. 이끼류 중에서도 진화
한 것은 줄기를 가졌고 내부에는 수분이나 영양물질을 수송하는 전문적
인 조직(유관속: 維管束이라 한다)이 생겨났다. 또 고생 솔잎난에 이르면, 다
시 잎은 공중의 이산화탄소를 흡수하고, 또 수분의 증발에도 작용하는 작
은 구멍(기공이라 한다)을 갖게 된다. 어떤 것은 땅속줄기를 가지며, 키가 큰

것에서는 높이가 1m나 되는 줄기가 직립해 있다. 고생 솔잎난으로부터 진화한 석송은 뚜렷한 뿌리, 줄기, 잎이 분화해 있고, 줄기도 비대해져서 바람 등에도 견딜 수 있을 만한 튼튼한 체형이 만들어져 있다.

앞에서 말한 석탄기라는 것은 양치류의 전성기이다. 줄기는 길고 굵으며, 또 잎은 크고 널찍하여 충분한 빛을 얻을 수 있었다. 또 땅속줄기나 뿌리를 충분히 펼쳐 지상부가 쓰러지지 않도록 지탱하는 동시에 필요한 수분과 무기물을 흡수하고 있다. 게다가 포자로 생식하는 구조도 발달해 있다. 이와 같이 양치류가 발달한 가운데 다음 세대의 종자식물이 태어났다.

동물의 상륙

다음 차례의 동물은 물고기 시대에 상륙하기 위한 적응이 진행되고 있었다. 이것은 육상생활을 예정하여 준비하고 있었던 것이 아니라 개펄에 살고 있었거나 융기한 바다가 말라버려 물고기들이 끊임없이 물이 없는 환경을 맛보아야만 했기 때문이다.

3억 년 전의 유물이라 일컬어지는 실러캔스는 가슴과 배의 지느러미가 발달하여, 발로 변모될 골격의 원형을 지니고 있다. 또 폐어는 물고기이면서도 공기 호흡을 할 수 있도록 부레로 호흡을 하고 있는 것이다. 허파는 원래 부레에서 분화한 기관이다. 이것만으로는 불충분하여, 몸을 건조에 견딜 수 있게 하는 일도 중요했다. 그리고 최초의 상륙자는 양서류였다. 이것은 다시 파충류, 포유류로 진화했다.

24. 수륙 양생 동물

양서류

여러분은 만약 자기가 수륙 양서라면 무척 편리할 것이라고 생각해 본 적은 없는지? 인간처럼 지능이 있고 육상을 자유로이 뛰어다닐 수 있는 데다 필요하다면 몇 시간이든지 물속에 들어가 있을 수도 있다면, 빠져 죽을 염려도 없을뿐더러 어쨌든 행동 범위가 굉장히 넓어질 것만은 틀림 없다. 게다가 하늘을 날 수 있다면 더할 나위가 없을 것이다.

동물의 세계에 수륙 양서라 할 수 있는 생물이 있는지 없는지를 살펴보면 그런 재주를 가진 것이 없다는 것을 알게 된다. 우선 육상에서 행동할 수 있게 된 동물은 물속에 들어갔을 때 아가미 호흡을 할 수 없기 때문에 완전히 공기 호흡동물로 바뀌어야 한다. 고래나 돌고래는 육상생물 중에서 가장 진화한 포유동물이면서 바다로 돌아갔다. 그러나 이들 역시 공기 호흡밖에 하지 못하기 때문에 때때로 해면 위로 머리를 내밀어 공기를 호흡하지 않으면 살아갈 수가 없다. 만약 물속에서 아가미 호흡도 할 수가 있다면 포경선에 잡힐 걱정도 없었을 것이다.

수륙 양서라 하여 양서류(兩棲類)라고 불리는 개구리와 도롱뇽도 유생인 초기에는 아가미 호흡을 했지만, 성장과 더불어 공기 호흡으로 전환하게 되고, 동시에 쌍방을 겸하지는 못한다. 이는 물로부터 물으로의 진화 과정을 보여 준다. 즉 양서류는 알에서부터 성체로의 발생 과정 속에 물에서부터 육상으로 옮겨 가는 역사 과정을 재현해 보이고 있다. 먼저 양서류는 보통 물속에 알을 낳는다. 성체가 되어 육상에서 생활하고 있는 것이라도 생식이라든가 산란만은 물속에서 이루어진다. 숲청개구리는 물가의 나무 위에서 거품 같은 알 덩어리를 낳는데, 이윽고 물속으로 떨어진다. 유생(올챙이)일 때는 물고기처럼 아가미 호흡을 하고 지느러미로 헤엄을 치고 있다. 화석의 기록에 의하면 고생대의 양서류는 성체라도 꼬리를 가졌으며, 몸이 거대하고 그 밖의 골격 구조가 물고기와 매우 닮아 있었다. 그러나 이런 계통은 절멸하고 없다. 현재의 도롱뇽이나 개구리의 조상은 그것에서부터 가지가름을 하여 태어난 것이다. 그밖에도 양서류는 체온을 유지할 수 없는(변온성이라 한다) 등 물고기와 닮은 성질을 여러 가지 지니고 있다. 올챙이는 이윽고 다리가 생겨 육상형으로 바뀌어 간

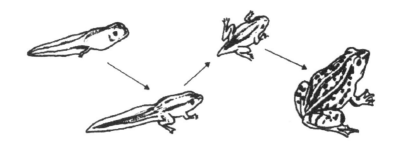

그림 24 | 개구리의 변태

다. 양서류는 가장 오래된 사지동물(四肢動物)이다.

파충류나 조류, 포유류와 같이 완전히 육상형으로 발달한 동물은 다양한 체형을 갖고 있는데, 도롱뇽이나 개구리는 체형의 변화가 아주 없는 동물이다. 물고기 무리는 물속에서 헤엄치기 쉽게 유선형을 이루고 있는 것이 많고, 크고 작은 차이는 있으나 체형은 거의 일정하다. 수륙 양서로 진화한 도롱뇽 등 유미류(有尾類)의 무리에는 이와 같이 유선형을 한 것이 아직 꽤 남아 있다. 더구나 고생대의 것과 현재의 것을 비교해 보더라도 전혀 체형에 차이가 없다. 이것은 고생대에서부터 현대까지 그 생활양식이 거의 변화하지 않았다는 것을 가리키고 있다.

이것에 대해 개구리(無尾類)는 후에 나타난 것이기 때문에 육상생활에 보다 잘 적응하고 있다. 몸이 짤막해지고 뒷다리가 길게 뻗어 도약이나 헤엄치기에 적합하게 되어 있다. 그리고 번식기 외에는 육상에서 살고 있는 것도 많다. 그중에는 나무에 잘 기어오르는 개구리, 구릉지에 사는 개구리도 있다. 또 개구리는 북에서부터 남쪽까지 지구의 육지라면 어디에나 분포해 있다.

파충류

파충류는 수륙 양서의 생물로서, 전에는 양서류의 무리로 분류되었던 적이 있다. 그만큼 어떤 파충류는 양서류와 흡사하다. 파충류의 기원도 양서류와 가까운 석탄기 중엽에 이미 생존하고 있었던 것 같다. 그러나 본격적으로 발전하기 시작한 것은 오히려 중생대로 접어들고 나서의 일이며, 이 무렵에는 육상생활을 하는 것, 수륙 양쪽에서 생활하는 것, 나아가서는 하늘을 나는 것도 나타났다. 중생대도 중엽, 즉 쥐라기 이후에는 그 번영이 절정에 달한다. 바닷가나 육지의 모든 환경에서 생활할 수 있을 만큼 형태와 기능이 적응되었다. 중생대는 파충류의 세계였던 것이다.

파충류의 성체는 모두 허파에 의한 공기 호흡을 하는데, 유생인 시기에는 수중생활의 흔적인 새열(아감구멍: 鰓裂)이라 불리는 아가미의 흔적이 나타난다. 물론 아가미 자체가 생기는 일은 없다.

갈라파고스제도는 다윈(C. R. Darwin)이 생물의 진화를 확신한 장소로 유명하다. 이 섬들에서 가장 종류가 많은 것은 파충류이다. 갈라파고스란 옛날의 스페인어로 거북을 뜻한다. 코끼리거북은 전적으로 육상생활을 하는데, 이구아나는 육상생활을 하면서도 한 시간쯤 해저로 자맥질을 하여 해초를 먹는다고 한다.

25. 공룡의 절멸

파충류의 세계

환경의 변화에 잘 적응할 수 있는 생물은 살아남아 자손을 증식할 수 있지만, 환경에 잘 적응할 수 없는 것은 쇠퇴해 갈 수밖에 없다. 만약 환경 변화가 엄격할 때 적응하지 못하는 생물집단은 절멸하게 될 것이다. 생물의 진화 역사는 이 적응에 대한 전략(戰略)의 역사였다. 따라서 번영했던 생물 중에는 공룡처럼 절멸한 종류도 많이 있었다.

공룡(Dinosaurs)은 파충류에 속하는 동물군이다. 현재, 좀 전문적인 이야기지만, 골반의 구조로부터 용(龍) 형식의 골반을 갖는 것과 새 형식의 골반을 갖는 것으로 분류되고 있지만, 이른바 공룡류라는 분류 항목이 정식으로 쓰이고 있지 않다. 그러나 일반적으로는 이런 분류학과 관계없이, 거대한 화석 파충류라면 무엇이든 공룡이라 부르고 있는 듯하다. 석탄기에 상륙한 양서류는 건조에도 견뎌내고 또 산소 호흡으로의 적응도 완성하게 되었는데, 그래도 아직 알은 물속에서 낳아 어릴 적에는 물에서 보내고 있었다. 그런데 그들 가운데서 육상에서 알을 낳는 것이 나타나게 되었다. 이 알은 양막(羊膜)이라는 주머니를 갖고 액을 저장하여 그 속에서 귀중한 배(胚)를 보호하고 있다. 이리하여 파충류는 물에 대한 의존에서 처음으로 벗어난 동물이 되었다.

공룡의 발전

중생대는 공룡의 시대였다고 일컬어지고 있는데, 공룡들이 처음 나타난 것은 트라이아스기(三疊紀)의 말엽이다. 최초의 공룡은 전체 길이 2.5m의 상당히 작은 것이었다. 네 다리를 가졌는데 뒷다리가 매우 크게 잘 발달하여 그 두 다리로 걸어다니고 있었다. 짧은 앞다리는 먹이인 살코기를 집거나 찢거나 할 수 있는 재능을 가진 손이었던 것 같다.

쥐라기로 접어들면 거대한 공룡이 나타난다. 이때는 번영하는 종류와 쇠퇴하는 것들이 뒤섞여 치열한 생존경쟁을 되풀이하던 시대였다. 백악기 말 무렵에는 공룡을 포함한 대부분의 파충류 종이 절멸하게 되는데, 그 이전의 트라이아스기 말에도 양서류로부터 파충류에 걸쳐 대절멸이 일어났었다. 그 대신 진화한, 새로운 성질을 가진 것이 등장하게 되었다. 이리하여 쥐라기에서부터 백악기에 걸친 1억 년은 거대한 동물들의 지구 지배가 시작되었다. 그런데 새로운 공룡들의 시대가 시작하려 하던 이 시기에 수궁류(獸弓類)라 불리는 원시적인 포유류가 파충류로부터 새로이 태어났다.

공룡 중에는 다시 바다로 돌아가 물고기를 쫓아다니는 것도 나타났다. 사지동물이 다시 바다의 환경에 적응하려 한 것이다. 그러나 이제는 물고기처럼 아가미 호흡은 할 수가 없고, 허파 호흡을 위해 이따금 공기를 마

그림 25 | 중생대의 공룡들

시고자 수면으로 올라오지 않으면 안 되었다. 그리고 모처럼 네 발로 진화했는데 다시 지느러미를 개조하지 않으면 안 되었다. 그중에는 다시 꼬리가 나타난 것도 있다. 또한 산란을 위해 일부러 육상으로 올라갈 수는 없기 때문에 부화한 형태로 새끼를 낳게 되었다.

파충류 중에는 하늘을 나는 것도 나타났다. 쥐라기 때의 일이다. 하늘을 나는 데는 되도록 몸을 가볍게, 날개를 크게, 그리고 그것을 움직이는 근육을 발달시켜야 했다. 날개는 앞다리와 뒷다리에 비막(飛膜)을 친 현재의 박쥐와 같은 것이었는지도 모른다.

새의 출현

여기서 새의 기원에 대해 고찰해 보기로 하자. 파충류의 으시시한 모양과 조류의 아름다움을 결부시키기 힘들지도 모르겠지만, 조류는 하늘을 나는 파충류와 공통의 조상으로부터 태어났다. 그러나 당시의 새가 어쨌든 간에, 현재의 새는 모든 구조에 있어 파충류보다 한층 진화한 것임은 틀림없다.

Dinosaurs란 "무서운 도마뱀"이라는 뜻이다. 우리가 쓰는 무서운 용(恐龍)이라는 말과는 이미지가 잘 어울리지 않는다. 용이란 것은 회오리바람을 일으키며 바닷속에서부터 하늘로 날아올라 창공을 날아다니는 것으로 상상되는데, 파충류는 어쩐지 신비성도 없고 괴기스럽고 추악한 느낌이 든다. 공룡이 진화의 정점에 이르렀을 때는 몸길이가 18~24m, 체중 50톤 이상이라는 거구가 되었으므로, 아무리 생각해도 환경의 변화에 재빠르게 적응할 수 있을 것으로는 생각되지 않는다. 이것은 대형 고래보다 훨씬 더 크다. 중생대가 끝나는 동시에 공룡의 시대도 끝이 났다. 더구나 그 종말은 참으로 극적이었다.

무엇이 이러한 파충류의 절멸을 가져오게 했는지는 쉽게 대답할 수 없는 어려운 문제이다. 현재 빙하설, 양치류를 먹음으로써 생긴 발암설, 환경의 급변설, 운석의 대량 강하설, 기후의 불순에 의한 식물계의 쇠퇴설 등 여러 가지 학설이 나와 있다. 이들 견해의 바닥에 흐르고 있는 공통사항은 공룡들의 몸이 지나치게 거대했다는 점에 있다. 사실 현존하는 파충류는 모두 소형이다.

26. 라마르크와 다윈

생물종의 유래

우리 주위에는 여러 가지 식물과 동물이 살고 있다. 그러나 자세히 관찰하면 서로 체형이 닮은 것이 있어 그것들을 정리하면 그 종류가 처음 보았을 때만큼 많지는 않다. 이런 의문은 고대 그리스 시대의 사람들도 품고 있었던 일이며, 또 닮은 것끼리를 그룹으로 분류하는 일도 하고 있었다. 즉 생물분류학이 시작된 것이다.

그렇다면 왜 이렇게도 많은 종류의 생물이 이 세상에 살게 되었을까? 이것은 닮은 것끼리를 부류별로 나누어 본다고 해서 알 수 있는 그런 간단한 이야기가 아니다. 구약성서의 첫머리에 있는 창세기(創世紀)에서는 이렇게 말하고 있다. 「처음에 하느님께서 하늘과 땅을 지어내셨다」 「하느님께서 "땅에서 푸른 움이 돋아나거라! 땅 위에 낟알을 내는 풀과 씨 있는 온갖 과일나무가 돋아나거라!"라고 하시자 그대로 되었다」 또 「바다에는 고기가 생겨 우글거리고 땅 위 하늘 창공 아래에는 새들이 생겨 날아다녀라!」라고 말씀하셨다. 이리하여 하느님께서는 「큰 물고기와 물속에서 우글거리는 온갖 고기와 날아다니는 온갖 새들을 지어내셨다.」……즉 생물은 종류마다 하느님에 의하여 창조되었다고 설명한다.

그림 26 | 라마르크(좌)와 다윈(우)

그러나 그리스의 아낙시만드로스(Anaximandros)는 다음과 같이 말하고 있다. 「처음에는 바닷속에서 작은 물고기와 같은 생물이 만들어졌다. 이들 생물은 더욱 진화하여 원시 인간으로까지 되었다」라고. 이와 같이 많은 종류의 생물의 유래에 대하여는 두 가지 견해가 있었는데, 그리스도교가 교세를 떨치던 중세에서부터 근세에 걸쳐서는 오로지 하느님에 의한 창조설이 널리 믿어지고 있었다.

그런데 이 문제를 최초로 과학적으로 거론한 사람은 프랑스의 박물학자인 라마르크(J. Lamarck, 1744~1829)였다. 그는 동물학, 지질학, 고생물학 등을 연구하여 원시적 생명은 무기물로부터 자연적으로 태어났다는 것, 이 원시 생명은 필연적 성질에 의해 진화하고, 지질학적인 긴 연대 속에서 보다 고등한 생물을 낳아갔다는 것 등을 주장했다. 이 학설은 하느님의 창조설과는 정면으로 대립하는 것이었으므로, 동료 교수들로부터도

무신론자라는 비난과 공격을 받았다. 그는 만년에 가서 장님이 되어 가난에 허덕이다 세상을 떠났다.

이 라마르크의 진화사상은 영국의 찰스 다윈(C. R. Darwin, 1809~1882)에게 계승되었다. 다윈은 좀 별난 경력을 가졌었다. 처음에 에든버러대학의 의학부에 입학했으나 중도에 퇴학하고 다시 케임브리지대학의 신학부에 들어갔다. 졸업 후 해군의 조사선 「비글」호에 승선하여 5년간 남미와 남태평양을 항해하면서 이 사이에 생물의 생태와 화석을 조사하여 "생물은 진화한다"라는 신념을 갖게 되었다고 한다.

귀국 후 20년에 걸쳐 이론을 수립하여 1859년에 유명한 『종의 기원』이라는 책을 출판했다. 이 책에서 그는 하느님에 의한 창조설을 부정하고 진화론을 제창한다. 그는 당연하게도 그리스도교로부터 맹렬한 비난을 받았다. 그러나 라마르크에 비하면 훨씬 행복한 일생을 마쳤다. 라마르크가 살던 시대와는 달리 진화사상이 상당히 세상에 보급되어 있었기 때문이다.

진화의 요인

이와 같이 라마르크와 다윈의 견해가 "생물은 진화한다"라는 점에서는 일치했으나 "왜 생물은 진화하느냐?"의 이유에 대해서는 날카롭게 대립하고 있다. 한 가지 예를 들어보자. 라마르크설에 따르면, 기린의 목이 긴 것은 기린이 언제나 높은 나무에 달린 나뭇잎을 따 먹으려 애썼기 때문이라고 설명한다. 즉 어떤 훈련을 끊임없이 계속하고 있으면 그렇게 된다는 것이다. 이것에 대해 다윈설은, 옛날의 기린 속에 우연히 목이 긴 것이 태어났는데, 그것은 목이 짧은 그때까지의 기린보다 생존경쟁에 강했기 때문에 그것이 선택되어 자손을 증식해 갔다고 설명한다. 즉 변종이 태어났을 때(돌연변이라 한다), 그것이 살아가는 데 마침 유리하여 선택됨으로써 진화의 결정적 이유가 된다는 것이다.

어느 쪽이 과연 진리일까? 현재 진화학자들은 다윈설을 지지하고 라마르크설을 부정하고 있다. 옛날 독일에 와이즈만(A. F. L. Weismann)이라는 동물학자가 있었다. 그는 쥐의 꼬리를 22대에 걸쳐 계속 잘랐다. 그러나 태어나는 새끼는 모조리 정상적인 꼬리를 갖고 있었다. 그러므로 생물이 한 세대 동안의 훈련에 의해 몸에 지니게 된 성질은 유전하지 않는다고 하여 그는 라마르크설을 부정했었다. 현재는 DNA 수준까지 진화학이 진보해 있다. 여기서도 라마르크가 생각한 것과 같은 이유로는 진화가 일어나지 않는다는 것을 인정하고 있다. DNA 위에 일어난 돌연변이가 생물의 진화를 추진하는 원동력이 되는 것이다.

27. 빛과 생명

빛이란?

먼저 〈그림 27〉을 살펴보자. 이것은 빛에도 여러 가지가 있다는 것을 가리키고 있다. 파장이 긴 것은 라디오파이고, 적외선, 가시광선, 자외선, X선, γ선으로 갈수록 차츰 파장이 짧아지며, 우주선이 가장 짧은 부류에 속한다.

빛은 파장이 짧아질수록 지니고 있는 에너지가 많아진다. 가시광선 즉 인간의 눈으로 볼 수 있는 파장 범위의 빛은 물론 해가 없을 정도의 에너지밖에 갖고 있지 않다. 그러나 자외선이 되면 피부는 화상을 입기도 하고 눈에 닿으면 눈을 해친다. 여러분은 살균 램프라는 것을 알고 있을 것이다. 이것은 자외선을 내는 램프로 세균을 죽이는 정도의 에너지를 갖고 있다. 또 파장이 더 짧아지면 X선이 되는데, 이것은 우리가 뢴트겐 사진을 찍을 때 사용하는 빛이다. 인간의 신체쯤은 쉽게 관통할만한 에너지를 가진 빛이다. 마지막으로 우주선이 되면 그 에너지가 커다란 빌딩 정도는 물론 지하 1만 m까지도 관통할 정도라고 한다.

가시광선은 글자 그대로 우리가 눈으로 볼 수 있는 파장 영역의 빛인데, 사람에 따라 다소 다르기는 하지만 우리는 대체로 400~800㎚(나노미

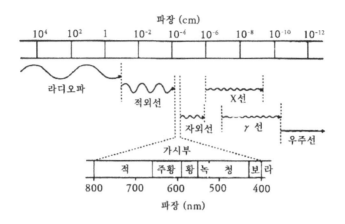

파장 (cm)

라디오파

적외선

X선

자외선

γ 선

우주선

가시부

| 적 | 주황 | 황 | 녹 | 청 | 보 | 라 |

800 700 600 500 400

파장 (nm)

그림 27 | 여러 가지 전자기파

터: 1㎚는 1m의 10억 분의 1에 해당한다)까지 범위의 파장을 느끼며, 그것으로 물체를 관찰하고 있다. 동물이나 식물에는 더 짧은 자외선의 빛을 이용하는 것도 있고, 더 긴 적외선의 빛을 이용하는 것도 있다.

광합성

그런데 우리와 마찬가지로 식물도 가시광선 근처의 빛을 이용하여 광합성(光合成)을 하고 있다. 생물은 왜 모두 가시광선 정도의 빛을 이용하는가 하면, 신체에 해가 없으면서도 최고의 에너지를 가진 빛이기 때문이다. 광합성은 빛을 써서 이산화탄소와 물로부터 포도당을 만드는 많은 화학반응의 과정이다. 이 화학반응을, 이를테면 전기에너지로 진행할 수만 있다고 하면 포도당이나 녹말을 인공적으로 제조할 수 있겠지만, 식물의 흉내는 아직도 낼 수가 없다.

식물은 도대체 어떻게 빛의 에너지를 모아 광합성 공장을 움직이고 있을까? 식물의 잎은 이 빛을 흡수하는 여러 가지 색소(色素)를 가지고 있다. 클로로필(엽록소), 카로틴, 크산토필이 있는데, 클로로필에도 여러 가지가 있다. 왜 이렇게 많은 색소가 있느냐 하면, 가시광선 근처의 빛을 파장이 긴 데서부터 짧은 곳까지 하나도 낭비가 없게 모조리 다 흡수하려 하기 때문이다. 식물의 잎사귀 색깔은 녹색을 하고 있는데 이것이 클로로필의 색깔이다. 태양에서부터 오는 여러 가지 파장의 빛을 흡수하고 남은 빛이 녹색이다. 무지개의 일곱 빛깔로도 알 수 있듯이, 가시광선에는 파장이 짧은 청색에서부터 파장이 긴 적색까지 있다. 그러므로 클로로필은 청색과 적색 두 영역의 빛을 흡수하고 그 중간인 녹색을 버리고 있는 것이다. 그러나 이 중간 근처의 빛을 카로틴이나 크산토필이 흡수하고 있다. 그리고 이들의 색소로 모은 빛에너지를 모조리 한 군데에 집합시켜 전자(電子)에 주고 있다. 볼록렌즈로 태양빛을 초점에 모으면 검은 종이에 불이 붙듯이, 빛을 모으면 굉장한 에너지로 되는 것이다. 식물도 이런 식으로 빛을 모아 광합성 공장을 움직이고 있다.

원시 지구의 빛

원시 시대의 지구 표면에는 매우 강한 자외선이 퍼붓고 있었다. 이 자외선은 여러 가지 대기가스에 화학반응을 일으켰다. 그리고 단백질 등의 생명물질까지도 합성시켰다. 이것이 이른바 화학진화라고 불리는 것이다. 그러므로 원시의 세포를 만든 에너지는 주로 자외선이었다고 말하고 있다.

그런데 생물은 태어난 순간, 바로 이 무서운 자외선으로부터 도망치지 않으면 안 되었다. 따라서 원시 바다에서 생물이 자란 곳은 자외선이 그다지 통과해 들어오지 못하는 깊이 10~100m쯤의 곳이었으리라고 추정된다. 참고로 말하면 현재의 지구 표면에는 그다지 자외선이 퍼부어지고 있지 않다. 그것은 현재의 대기가 20%나 되는 산소를 포함하고 있고, 상공에서는 이것에 자외선이 부딪쳐 오존(O_3)이 생겨 있으며, 이 오존층이 태양으로부터의 강한 자외선을 거의 흡수해 버리기 때문이다. 그래도 지나치게 일광욕을 하면 자외선으로 피부가 타서 피부암이 생기기도 한다. 우리는 좀 나은 편이지만 백인은 특히 자외선에 약하며 피부암에 걸리기 쉽다.

전기냉장고에는 냉동기의 냉각매체로 프레온이 사용되고 있다. 이것의 본체는 플루오르화탄화수소인데, 예로부터 안전한 분무제로서 분무기 등에 쓰여 왔다. 그런데 전 세계에서 이것을 지나치게 사용하고 있기 때문에 상공의 오존층이 파괴되고 있다고 말한다. 오존층이 없어지면 어떻게 될 것인지는 여러분도 이제는 이해하고 있을 것이다.

28. 유전자의 진화

유전자의 작용

생물의 유전하는 성질이 모두 유전자에 의해서 결정되고 있는 이상, 생물의 진화는 바로 유전자의 진화 그것이다. 따라서 진화한 성질은 어느 것이나 다 유전자의 진화로서 파악될 수 있을 것이다.

확실히 이론적으로는 그렇지만, 현재의 생명과학 수준은 생물이 지니고 있는 모든 성질을 직접 유전자와 결부시켜 설명할 수 있을 만큼 높은 수준에는 이르지 못하고 있다. 그러므로 아직도 유전자의 수준에서가 아니라, 신체의 표면에 나타나고 있는 형상이나 성질을 표지로 하여 생물의 진화를 추적해가는 방식이 일반적으로 사용되고 있다. 또 세포라든가 DNA 등은 화석으로 남겨지지 않기 때문에, 지질 시대의 진화는 뼈 등 화석이 되기 쉬운 것의 형태로부터 체형이나 성질, 기능을 유추하는 방법밖에 없다.

이런 상황이기 때문에 생물진화의 모든 것을 유전자의 진화로 바꿔 놓을 수는 없으나, 몇 가지 예에 대해서는 유전자진화의 연구가 잘 진행되고 있다. 여기서는 그 이야기를 하겠다.

유전자는 저마다 유전자로서의 특징을 지니고 있다. 이것을 유전정보라고 부른다. 생물의 성질이 여러 가지로 다른 것은 이 유전정보가 다르기 때문이다. 유전자인 DNA에는 어떤 정보가 포함되어 있을까? 그것은 DNA를 만들고 있는 네 종류의 문자(A, G, C, T)의 배열 순서 속에 포함되어 있다. 이렇게 말하면 어렵게 들릴지도 모르겠지만 우리가 일상 사용하고 있는 문장과 마찬가지이다. 문장은 가나다로 된 문자의 배열 순서 속에 그 의미(정보)가 포함된 것이다. 그러므로 이 문자의 배열을 바꾸면 그 문장이 갖는 의미가 달라진다. DNA에 대해 말한다면 네 문자의 배열 순서가 바뀌면 그 유전정보가 바뀐다. 생물의 진화는 이 유전정보의 시간적인 변화인 것이다.

유전자가 세포 내에서 실제로 작용하는 것은 단백질을 통해서이다. 그 유전자의 단백질은 DNA→mRNA→단백질이 되듯이, 유전정보의 흐름에 따라 만들어지고 있으므로 DNA와 단백질은 같은 유전정보를 갖고 있을 것이다. 단백질에 대한 정보 문자는 20종류의 아미노산이 된다. 바꿔 말한다면 유전자의 진화와 단백질의 진화는 같은 의미를 지니고 있다.

인류의 진화

그러면 혈액 단백질을 사용하여 인류의 진화를 조사한 실제의 예를 들어보기로 하자. 〈그림 28〉을 살펴보자. 58종류의 혈액단백질에 대한 아미노산 배열 순서의 차이를 비교하면서 작성한 계통도이다. 배열 순서가 많이 닮았으면 혈연이 가깝고, 또 다를수록 혈연이 멀다는 것을 가리키고

유럽인
부시먼
피그미
에스키모
아메리칸 인디언
일본인
중국인
뉴기니아인
오스트레일리아 원주민

그림 28 | 단백질로부터 인간의 뿌리를 캔다

있다. 아프리카인과 유럽인은 가까운 관계이고, 에스키모, 아메리카 인디언, 일본인, 중국인, 뉴기니아인, 오스트레일리아 원주민은 같은 기원을 갖는 가까운 관계의 인종이다. 즉, 모두 몽골리안(몽고인) 계통이다.

DNA의 진화

다음에는 DNA나 단백질의 문자배열 차이를 비교해서 생물의 진화를 알 수 있는 방법에 대해 설명하겠다. 이 대목이 유전자 진화의 핵심이므로 단단히 머릿속에 넣어주기 바란다. DNA(따라서 단백질)에서는 문자의 치환, 결실(缺失) 또는 추가가 끊임없이 일어나고 있다. 이것은 돌연변이라 불린다. 그것은 생물의 종류와 상관없이, 살고 있는 환경조건과 관계없이, 또 인류라면 그 사람의 의지를 무시하고 일정한 속도로 일어나고 있다. 그리고 그 돌연변이는 DNA(또는 단백질) 위에 축적되어 간다. 따라서 같은 조상에서부터 갈라져 나간 두 자손도 세대를 거듭함에 따라 문자의 배열 순서 차이가 점점 커지게 된다. 그러므로 거꾸로 DNA나 단백질의 문자배열 순서의 차이를 조사하면 혈연의 멀고 가까움을 알 수 있다.

그러나 여기에도 문제는 있다. DNA 위의 돌연변이의 축적은 생물의 종류나 환경조건과 아무 관계도 없이 일어난다고 설명했다. 그러나 그렇다고 하면 어째서 여러 가지 종류의 생물이 태어났는지를 설명할 수 없게 된다. 생물진화의 역사를 살펴보면 비교적 짧은 기간 사이에 매우 많은 종류의 생물이 태어난 시기가 있다.

예를 들어 포유류를 살펴보면, 고래에서부터 인간까지 실로 갖가지 생물이 포함되어 있다. 이것들은 불과 수천만 년 전에 나타난 것들이다. 예를 들어 개구리를 살펴보자. 2억 년 전에 태어난 이래 현재까지 줄곧 그 형체이다. 여기서는 어째서 일정한 속도로 여러 가지 종류의 생물이 발생하지 않았을까? 생물진화의 근본적인 문제는 아직도 풀리지 않고 있는 것이다.

29. 돌연변이

유전자의 문자

유전자(DNA)에 변화가 일어나는 것을 돌연변이라고 한다. 그러므로 정자라든가 알의 DNA에 돌연변이가 일어나면 당연히 유전하게 된다. 「솔개에서 매가 난다」라는 속담이 있다. 평범한 양친에게서 비범한 아이가 태어나는 것을 뜻하는데, 이것은 어쩌다가 양친의 유전자 조합이 좋았기 때문인지, 또는 돌연변이에 의한 것인지는 좀 더 자손을 두고 보지 않으면 답을 할 수가 없다.

그런데 돌연변이란, 네덜란드의 유전학자가 큰달맞이꽃을 뜰에 재배하고 있다가 이따금 별난 종이 나타나는 것을 보고 붙인 말이다.

생물체가 돌연히 바뀐 듯이 보이는 이 현상은 분자의 세계에서 하나의 변화가 있었던 결과이다. DNA는 A, G, C, T 네 문자의 배열 순서에 의해 유전자로서의 특징이 결정되어 있다. 그러므로 이들 문자의 배열방법이 바뀌면 그 유전자가 본래 지니고 있던 성질도 바뀌게 된다. 즉 돌연변이란 문자의 배열 순서가 바뀌는 것을 말한다. 이 배열방법의 변화에는 여러 가지 경우가 알려져 있다.

〈그림 29 (1)〉에서 보듯이 한 문자가 바깥 문자와 치환될 때, 〈그림 29

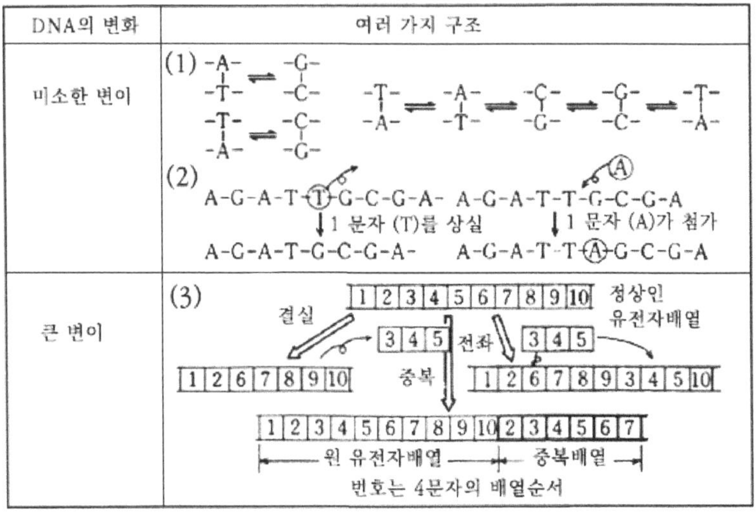

DNA의 변화	여러 가지 구조
미소한 변이	(1) -A- -G- ⇌ -T- -C- ⇌ -A- ⇌ -C- ⇌ -G- ⇌ -T- -T- -C- -A- -T- -G- -C- -A- -A- -G- (2) A-G-A-T-(T)-G-C-G-A- A-G-A-T-T-(A)-G-C-G-A ↓ 1 분자 (T)를 상실 ↓ 1 분자 (A)가 첨가 A-G-A-T-G-C-G-A- A-G-A-T-T-(A)-G-C-G-A
큰 변이	(3) 결실 [1][2][3][4][5][6][7][8][9][10] 정상인 유전자배열 [3][4][5] 전좌 [3][4][5] [1][2][6][7][8][9][10] 중복 [1][2][6][7][8][9][3][4][5][10] [1][2][3][4][5][6][7][8][9][10][2][3][4][5][6][7] ├── 원 유전자배열 ──┼── 중복배열 ──┤ 번호는 4문자의 배열순서

그림 29 | 돌연변이는 DNA의 4 문자의 배열의 차이

(2)〉에서 보듯이 문자가 뛰어나가거나 반대로 바깥으로부터 문자가 끼어들거나 했을 때, 또 〈그림 29 (3)〉과 같이 한 자나 두 자의 문자가 아니라 기다란 문장이 고스란히 바뀌어 들거나, 반대 방향이 되거나 없어지거나 하는 경우 등이 있다. 그러나 가장 빈번하게 일어나는 것은 〈그림 29 (1)〉의 예와 같이 문자 하나의 교체이다.

그렇다면 돌연변이는 왜 일어날까? 원인은 두 가지로 크게 나눌 수가 있다.

하나는 자연적으로 일어나는 경우이다. 이것은 언제나 일정한 빈도로 일어나고 있어 방지할 방법이 없다. 주된 원인은 유전자를 잘못 만든데 있다. 세포가 분열할 때는 DNA의 복제(複製)가 이루어진다. 그리고 분열에 의해 두 개의 딸세포가 생길 때 각각에 DNA가 분배된다. 그런데 DNA의 복제라는 것은 똑같은 새끼 DNA를 하나 더 만든다는 의미이고, 어미 DNA가 갖고 있는 A, G, C, T의 네 문자의 배열과 똑같은 배열 순서를 가진 새끼 DNA를 만든다는 것이다. 세포도 때로는 잘못을 범하여 그릇된 배열을 하는 일이 있다. TV 공장에서도 품질관리가 잘 되어 있는 곳에서는 결함상품이 그다지 나오지 않지만, 그렇지 못한 곳에서는 불량 TV가 많이 만들어질 것이다. 이것과 마찬가지이다. 그러나 아무리 품질 관리를 엄격히 하더라도 결함제품이 제로라는 것은 불가능한 일이다. 그렇다면 세포에서는 어느 정도의 품질관리가 이루어지고 있을까? 그것은 $10^{-8} \sim 10^{-9}$ 변이/세포분열이다. 이것은 1억에서부터 10억 개의 세포를 일제히 세포분열을 시키면 그중의 어느 하나에서 DNA의 문자배열에 착오가 일어나고 있다는 것을 가리키는 숫자이다. 굉장한 품질관리라 하겠다. 아무리 우수한 TV 공장이라도 제품 1억~10억 대에 대해 1대만 불량품이 나온다는 곳은 아마 없을 것이다.

변이의 원인물질

그런데 돌연변이를 일으키는 또 다른 인자가 있다. 그러므로 그 인자를 제거하면 돌연변이를 방지할 수 있을 것이다. 돌연변이를 일으키는 인자 중에서 우선 첫째로 들어야 할 것은 방사선이다. 원자폭탄의 방사선에 쬐어 수많은 백혈병 환자가 나오는 것은 이 때문이다. 방사선의 강한 에너지는 DNA를 토막토막으로 절단하거나 문자를 파괴하거나 한다. 특히 T와 C의 문자가 파괴되기 쉬운 것으로 알려져 있다. 둘째로 들어야 할 인자는 화학물질이다. 이것은 자연의 식품에 포함되어 있는 경우도 있고, 인공적으로 합성한 약품인 경우도 있다. 최근에 암이 두드러지게 증가하고 있는 것은 명확히 인공적인 화학약품에 의한 것이다. 식품 첨가물, 자동차의 배기가스, 농약, 의약품 등 우리는 돌연변이를 일으키는 수많은 환경요인 가운데서 생활하고 있는 셈이다. 즉 돌연변이를 일으킬 수 있는 화학물질은 200만 종류 이상이라고 말할 정도이다.

세상 사람들은 암에만 신경을 쓰지만, 돌연변이도 많이 일어나고 있는 것이다. 일상생활에는 영향이 나타나지 않는 것이라도 똑같은 돌연변이 유전자를 갖고 있는 남녀가 결혼하여 그 사이에 결함유전자를 가진 아이가 태어난다면 영향이 겉으로 드러날 가능성이 있다. 그러나 다행스럽게도 인간과 같은 고등한 생물의 세포는, 아버지 쪽에서 온 유전자와 어머니 쪽에서 온 유전자, 두 벌을 갖고 있으므로, 양쪽에서 받은 같은 종류의 유전자가 동시에 결함을 갖는 확률은 지극히 낮다.

30. 손상된 유전자의 회복

DNA의 수리와 복원

　원시 바다에서 생명이 태어날 수 있게 한 원동력은 방사선이었다. 그 중에서도 태양으로부터 온 강력한 자외선은 연달아 화학반응을 일으켜 마침내 생명물질까지 만들어냈다. 이 화학진화에 이어 새로이 태어난 생명에 갖가지 진화를 가져다준 원동력 또한 자외선에 의한 돌연변이였다. 이와 같이 자외선은 생물에 은혜를 준 빛이기도 하면서 동시에 위험한 빛이기도 했다. DNA를 파괴하고 죽음에 이르게 하는 빛이다. 생물은 그 탄생 이래 언제나 죽음과 이웃하는 속에서 살아 왔다. 그러나 생물은 이 위험으로부터 몸을 지키기 위해 여러 가지로 적응해왔다. 그중에서도 가장 훌륭한 적응은 자외선으로 파괴된 DNA를 수리하여 복원하는 능력의 획득이었다. 다음에는 이 구조에 대해 설명하기로 한다.

　우선 처음은 광회복(光回復)이라 명명되어 있는 구조이다. 이것은 자외선에 의해 상처를 입은 생물의 몸에 빛을 쬐면 낫게 되는 현상이다. 여러분은 생선가게나 조리장 등에서 천정으로부터 살균 램프가 드리워져 있는 것을 본 적이 있을 것이다. 눈에 직접 빛이 들어오면 위험하기 때문에 대개는 높은 곳에 마련되어 있다. 그것은 자외선으로 공중을 날아다니는 세균을 죽이는 장치이다. 그런데 그것으로는 세균이 거의 죽지 않는다. 왜냐하면 빛이 들어오는 곳에 설치되어 있기 때문이다. 세균은 자외선에 의해 DNA에 상처를 입었을 때, 파장이 짧은 빛으로 그 상처를 수리하여 본래의 DNA로 복원하는 능력을 갖고 있다. 그러므로 캄캄한 곳에서 자외선을 쬐어 그대로 두면 잘 죽지만, 이것에 빛을 쬐면 상당한 수가 되살아난다. 이 광회복 능력은 원시 지구에서 숱한 자외선의 해를 받아오는 동안 이것에 적응한 결과이다. 이것은 광회복 효소라는 청색빛에 감응하는 효소가 DNA 위의 자외선에 의해 파괴된 부분을 수리하기 때문이다. 이 효소는 세균으로부터 포유동물이나 피자식물(被子植物)까지 모두가 가지고 있다. 그런데 인간은 이것을 갖고 있지 않다. 녹색식물이 지구 위에 번성하여 활발하게 광합성을 하게 되자, 대기 속에 산소의 농도가 증가하는 동시에 상공에 오존(O_3)이 형성되었다. 태양으로부터 오는 자외선은 이 오존층에 효과적으로 흡수되기 때문에 현재의 지구 표면에는 거의 도달하지 않는다. 따라서 광회복 효소를 상실하더라도 두드러지게 자외선의 피해를 받는 일은 없다.

자외선에 의해 받은 DNA 위의 상처는 또 다른 구조에 의해서도 수리된다. 이것들은 빛을 필요로 하지 않는 회복이다. DNA는 그림과 같이 네 문자의 A, G, C, T가 배열한 두 가닥의 끈으로 구성되어 있는데, 자외선에 의해 한쪽 끈에 상처가 생기면, 그 상처가 있는 곳만 절단하여 떼어낸다. 그리고 그 부분만 새로 개조한다. 개조할 때 네 문자의 배열방법은 정상적인 다른 한쪽 끈의 배열과 일치시키는 것이다. 그러므로 수리를 마친

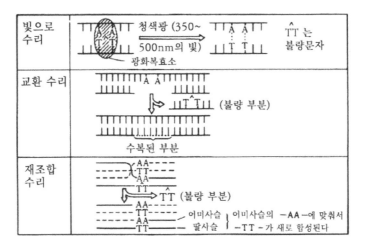

<table>
<tbody>
</tbody>
</table>

빛으로 수리	청색광 (350~ 500nm의 빛) 광화복효소	T̂T 는 불량문자
교환 수리	⬇ ⊔T̂T⊔⊔ (불량 부분) 수복된 부분	
재조합 수리	AA---- TT---- AA---- TT ⟹ T̂T (불량 부분) AA---- TT---- 어미사슬 ┐ AA---- 딸사슬 ┘ TT----	어미사슬의 −AA−에 맞춰서 −TT−가 새로 합성된다

그림 30 | 유전자의 수복

DNA는 완전하게 원상으로 되어 있다. 또 하나의 구조는 좀 복잡하게, 같은 DNA를 한 벌 더 만들어 상처가 생긴 부분을 정상적인 DNA의 끈과 바꿔치기 하는 것이다.

그러면 위에서 말한 것과 같은 DNA의 수리 기능이 세포에 없다면 어떻게 될까? 미생물이라면 극단적으로 자외선에 약하기 때문에 돌연변이가 일어나기 쉬울 것이다. 인간도 마찬가지로 자외선에 지극히 약한 경우가 있다.

일광에 과민한 질병의 하나에 색소성 건피증(色素性乾皮症)이라는 유전병이 있다. 이 병을 가진 사람은 자외선에 의해 받은 DNA의 상처를 수복하는 능력이 없다. 따라서 이런 사람들은 보통 사람에 비해 10분의 1의 자외선만 받아도 목숨을 잃거나 대부분이 젊은 나이에 피부암에 걸려 죽는다.

광 방어

그런데 참고삼아 말하면, 인류는 이 밖에 자외선으로부터 훨씬 더 잘 몸을 보호하는 구조를 지니고 있다. 그것은 몸의 피부에 포함되는 멜라닌 (흑색)색소에 의한 적응이다. 열대에 사는 사람의 피부는 이 색소를 많이 함유하고 있기 때문에 검은 피부를 하고 있는데, 이것은 자외선을 흡수하여 피부 속까지 자외선이 침입하는 것을 막고 있다.

이에 대해 태양으로부터의 자외선이 적은 위도가 높은 지방에 사는 사람의 살갗은 멜라닌색소가 적어 백색을 하고 있다. 따라서 백인이 자외선이 센 지방으로 옮겨 가서 살면 매우 높은 빈도로 피부암이 발생한다. 이를테면 오스트레일리아의 카브르튜어 지방에 사는 켈트계 사람들은 피부암에 걸리기 쉬운데, 그들은 아일랜드로부터 온 이민자들이다. 본국 사람들에 비해 피부암의 발생률이, 이를테면 60세에서는 5배나 높은 값을 나타내고 있다. 더구나 본국과의 발생률의 차이는 나이와 더불어 커지고 있다. 참고로 태양으로부터 오는 자외선의 세기를 비교해 볼 때 아일랜드는 오스트레일리아의 4분의 1에 불과하다.

31. 공생

적합한 주거

생물이 새로운 환경을 만났을 때 거기서 살아남아 자손을 늘려가기 위해서는 어떤 적응을 해야 하는 것일까? 자연계에서 이루어지고 있는 적응을 살펴보면 다음의 두 가지 방법이 있는 것 같다.

하나는 자기의 몸 구조를 그 환경에 적합하게 바꾸어 가는 방법이다. 그것에는 유전적인 방법도 있고 유전적이 아닌 것도 있을 것이다.

또 하나는 스스로 이동하여 자기에게 적합한 장소를 찾는 방법이다. 생물에게 있어서 가장 살기 좋은 장소는 다른 생물의 몸속이다. 따라서 거기로 이동하여 서식 장소로 삼는 것은 가장 요령 좋은 방법일 것이다. 자연계를 둘러보면 이런 슬기로운 꾀보가 많이 있다. 그것이 공생(共生)이니 기생(寄生)이니 하고 불리는 생존방법이다. 거기에는 반드시 입주자와 숙주 사이의 이해관계가 생기기 마련이다. 그래서 입주자와 숙주가 서로 이익을 교환하는 것은 공생이고, 입주자에게만 이롭고 숙주가 폐를 입거나 해를 입는 것은 기생이다. 그러므로 기생은 이해관계가 극단적인 공생이라 할 수 있을 것이다. 그러나 실제로는 엄밀하게 양자를 구별하기 곤란한 경우가 많다고 생각된다.

그러나 공생은 참으로 교묘한 생활방법으로, 특히 입주자는 손해를 보는 일이 없다. 그런데 대형 세포를 가진 생물의 몸에는 대개 세균 등의 소형 생물이 그 세포 속에 들어가 살고 있다. 재미있는 예로 세균세포 속에 세균이 끼어들어 살고 있는 것도 있다. 그런데 공생의 의미를 더 크게 해석하여, 이를테면 개미와 진딧물, 회충이나 촌충과 인체와의 관계까지 그에 포함하는 경우도 있다.

생물사회에는 먹이를 통한 연관성이 있어, 한쪽 생물이 불필요하게 되어 내버리는 것을 다른 생물이 먹이로 받아들이는 관계가 있다. 이처럼 불필요한 것을 물려주는 관계는 많다. 다음에는 주된 공생 사례를 설명하겠다.

이익 교환

유명한 것으로 먼저 콩과식물과 근류(뿌리혹) 세균의 공생을 들 수 있다. 자운영은 예로부터 중국이나 우리나라에서 벼농사 등의 녹비(綠肥)로서 뒷갈이로 재배되고 있었고, 또 콩의 재배에는 질소비료가 필요하지 않다는 것도 예로부터 잘 알려져 있었다. 이들은 모두 콩과식물로, 뿌리에 공생하는 근류세균(Rhizobium)이 공기 속의 질소(N_2)를 고정하여 그 산물을 숙주식물에게 공급하고 있기 때문이다. 리조븀은 공생하지 않아도 단독으로 공중의 질소를 이용하는 능력을 갖추고 있어 토양 속에서 자유 생활을 하고 있다. 그리고 어떤 식물이건 다 그렇다는 것은 아니지만, 콩과

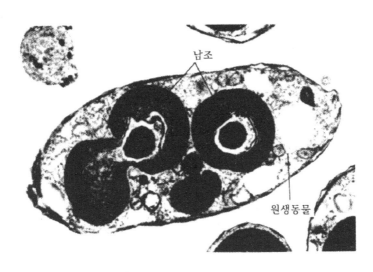

그림 31 | 원생동물에 남조가 공생하고 있다

이외의 식물과도 공생할 수가 있다. 최근에 유전자공학의 기술을 사용하여 이와 같은 세균의 질소 이용 유전자를 벼에 넣어 질소비료가 필요하지 않는 벼를 만드는 연구가 이루어지고 있다. 성공하게 되면 벼농사 지대의 사람들에게는 큰 도움이 될 것이다.

다음으로 또 재미있는 것은 광합성생물과 비광합성생물과의 공생이다. 이를테면 남조(藍藻)나 녹조(綠藻)와 곰팡이의 공생이 그것이다. 이 관계는 긴밀하여 마치 한 식물인 것처럼 행동하고 있다. 분류학에서는 이 공생체를 지의식물(地衣植物)이라는 이름으로 특별히 분류하고 있을 정도이다. 자연계에서는 곰팡이류 43,700종 중 18,000종이 이와 같은 공생관계를 이루고 있다고 한다. 곰팡이는 동물처럼 자신이 행동하여 먹이를 얻을 수가 없고, 그렇다고 식물처럼 자신이 광합성도 할 수 없다. 언제나 살아 있는 동식물이나 그 시체로부터 영양물질을 섭취하지 않고는 살아갈 방법이 없다. 그런 가운데서 조류(藻類)와 공생하는 생활방식은 참으로 교묘한 적응이라 하지 않을 수 없다.

여기서 최근에 화젯거리가 되고 있는 공생에 대해 설명하겠다. 생물계의 세포에는 핵을 갖지 않는 원시적인 것(원핵세포라 한다)과 이것에서부터 발전, 진화한 핵(과 미토콘드리아, 엽록체)을 갖는 것(진핵세포라 한다)의 두 종류로 구분할 수 있다. 화젯거리가 되고 있는 것은 이 진핵세포가 어떻게 원핵세포로부터 진화해서 만들어졌느냐는 점이다. 진핵세포를 광학현미경으로 관찰하면 미토콘드리아는 세균으로, 엽록체는 남조처럼 보이는 것에서, 이는 공생하고 있는 모습이라고 하는 견해가 19세기 말부터 있었다. 1960년대에 들어와 미토콘드리아나 엽록체에 DNA가 함유되어 있다는 것이 알려지자, 이 학설은 더욱 많은 지지를 받게 되었다. 이 설에서는 미토콘드리아나 엽록체 외에, 편모도 나선형 세균인 스피로헤타가 공생하고 있는 모습이라 하고 있다. 그러나 편모에 DNA가 존재한다는 증거는 제시되지 않았다. 필자는 이 설에 크게 반대하고 있다.

32. 성의 기원

2배체

성(性)이 존재한다는 것은 그 생물에 수컷과 암컷의 구별이 있고 거기서 교배가 일어난다는 것을 의미하고 있다. 생물의 진화과정에서 왜 성이 태어났는가를 생각하는 데는, 성의 존재가 생물의 진화에 어떤 의미를 지니고 있었는가를 먼저 생각하지 않으면 안 된다.

정자와 알의 수정에 의해 태어나는 생물의 세포는 당연히 양친으로부터의 유전자를 포함하고 있다. 즉 이배체(二倍體)로 되어 있다. 이것은 같은 유전자가 두 벌 포함된다는 것이다. 이와 같이 두 벌의 유전자를 갖고 있으면, 마치 허파나 신장이 좌우 두 벌 있는 것과 마찬가지로, 한쪽에 결함이 생기면 다른 쪽이 그 결함을 보충한다. 그러므로 몸 전체로서는 정상적인 기능을 갖게 된다. 바꿔 말하면 이배체는 유전적 결함을 보완하는 매우 훌륭한 구조인 것이다.

민법에서는 근친혼을 금하고 있다. 이것은 근친 사이에서는 유전자의 조성이 매우 흡사하여, 결혼을 하게 되면 같은 결함유전자가 두 벌 갖춰질 확률이 매우 높아지기 때문이다. 이럴 때는 한쪽이 다른 쪽을 보충할 수도 없다. 인간에게는 사용하지 않는 말이지만 작물이나 가축에서는 잡

종강세(雜種强勢)라는 말이 흔히 사용된다. 이것은 매우 관계가 먼 사이에서 교배를 하면 우수한 자손이 태어나는 것을 말한다. 즉 양친의 혈연관계가 멀수록 유전자 조성의 차가 크기 때문에 일어나는 현상이다.

자연계를 둘러보면 고등생물은 모두 이배체의 몸을 갖고 있다. 따라서 성의 존재는 그 생물의 생존력을 대단히 높여 주고 있는 것이 확실하다. 한편 하등생물계를 살펴보면 식물의 조류 가운데 몇몇 가지, 이를테면 연두벌레나 클로렐라에는 성이 없으며, 세균류에서도 대장균과 스트렙토코커스 페커리스 이외의 것에는 성이 없는 것으로 알려져 있다. 또 남조류에도 성이 없는 것 같다. 이와 같이 하등생물에는 성을 갖지 않는 것이 많다. 세균에서의 실험 사례를 보면, 어떤 유전자에 돌연변이가 일어나면 바로 그 변화한 성질이 겉으로 나타난다. 그러나 이배체의 생물에서는 한쪽 유전자에 돌연변이가 일어나더라도 겉으로 나타나는 성질은 정상인 것이 보통이다.

원시적인 성

그렇다면 생물의 진화 역사에서 언제쯤 성이 생겼을까? 그것은 생명이 나타나고 얼마 안 된 초기였다고 하는 설이 있다. 그렇다면 성은 세균의 세계에 더 널리 퍼져 있어도 될 터인데도, 세균계에는 왜 극히 한정된 것에만 성이 있느냐는 의문이 생긴다. 현재로서는 그것에 대한 설명이 좀 곤란하다.

그렇다면 원시적인 성을 가진 대장균의 구조를 살펴보기로 하자. 대장균의 수컷균에는 주 DNA 외에 수컷으로서의 성질을 나타내는 데 필요한 여러 가지 유전자를 포함한 작은 DNA가 포함되어 있다. 하지만 암컷균에는 암컷으로서의 DNA가 함유되어 있지 않다. 아크리딘이라는 색소로 수컷균을 처리하면, 그 작은 DNA가 없어져 버리기 때문에 수컷균은 암컷균이 되어 버린다. 또 암컷균에 수컷의 DNA를 이식해도 수컷으로 바뀐다. 이와 같이 대장균의 성은 이 작은 DNA의 존재만으로 결정되고 있다.

대장균의 성행동이란 먼저 수컷균과 암컷균이 충돌하여 결합하는 데서부터 시작된다. 이어서 수컷균의 커다란 주 DNA가 암컷 쪽으로 이동하기 시작한다. 이 경우 작은 수컷 DNA도 이동해 간다. 그 결과 암컷균은 수컷으로 바뀌는 동시에 수컷에서부터 옮겨 온 유전자도 포함하게 된다. 그러나 수컷균의 모든 DNA가 암컷으로 옮겨가는 일은 좀처럼 없다. 그래서 일부의 유전자에 대해서만 이배체가 되는 것이다. 그렇다면 성을 결정하는 작은 DNA는 어디서부터 왔을까? 아무래도 바이러스의 DNA인 것 같다.

성페로몬

스트렙토코커스균의 수컷과 암컷이 서로 접근할 때는 암컷이 수컷을 유인하기 위한 호르몬(성페로몬이라 한다)을 낸다. 이 성페로몬은 화학물질로서, 수컷은 이 화학물질이 극미량이라도 잘 인식하여 그 방향으로 달려

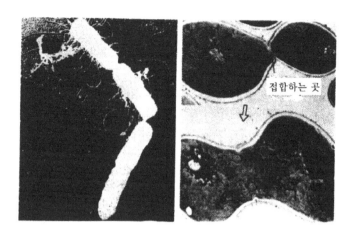

그림 32 | 대장균의 접합(좌)과 효모균의 접합(우)

간다. 이와 같은 물질은 암컷에만 있는 것이 아니라 생물의 종류에 따라 수컷이 생산하는 것도 있다. 어쨌든 성페로몬을 방출하여 상대를 끌어들이는 성행동은 더 고등한 생물에서도 흔히 볼 수 있다.

성행동이 아니더라도, 특정한 화학물질을 감지하여 행동을 일으키는 현상은 일반적으로도 흔히 볼 수 있는 일이다. 세균 등은 아미노산과 같은 보통의 영양물질에 대해서도 반응하여 운동을 시작한다. 따라서 성페로몬에 의한 세포의 접근은 특정 세포가 그와 같은 화학물질을 분비하는 데에 특색이 있다고 말할 수 있다. 곤충의 성페로몬은 탄화수소의 사슬 (10~20개)이고, 효모균의 그것은 수십 개의 아미노산 사슬로 된 비교적 단순한 물질이다.

33. 극한 상황에서 생활하는 생물들

환경과 적응

현재의 자연계는 실로 여러 가지 생물로 가득 차 있다. 바다와 강은 말할 것도 없고, 얼핏 보기에는 생물이 살지 못할 것 같은 작열하는 사막에도, 고열의 온천 속에도 또는 심해저에도 생물들이 생활을 영위하고 있다. 갖가지 환경에서 사는 생물은 자신의 형태와 기능을 거기에 적응시켜 가면서 생명을 보전하고 자손을 남기고 있다.

생명이 탄생하여 왕성하게 성장하고 있던 원시의 바다는 어떤 환경이었을까? 아마 온화하고 영양이 풍부한 바다였을 것이라 생각된다. 그러나 자손이 불어나고 생존경쟁이 치열해지자 생물들은 새로운 주거지를 찾아 이동해 갔다. 그러나 거기에는 언제나 새로운 환경조건이 기다리고 있었고, 그것에 적응하지 않으면 살아갈 수 없었을 것이다. 이와 같이 환경이 변할 때마다 적응을 되풀이하여 새로운 생물종이 태어나고 그 생활권을 넓혀 갔다.

그렇다면 생물은 무한히 적응하며 생활권을 넓혀 갈 수 있는 것일까? 일반적으로 말하여 그것은 무리일 것이다. 특히 잘 진화해 온 생물일수록 적응력은 낮을지도 모른다. 그것은 하등한 생물일수록 보다 긴 진화의 역

그림 33 | 극한에도 생물은 있다. 심해저, 해저화산, 염호

사 가운데서 보다 널리 적응하고 있다는 사실을 가리키고 있다. 특히 세균들은 우리 인간으로서는 상상조차 할 수 없을 만한 적응력을 갖고 있어 극단적인 환경에서도 살고 있다. 여기서는 이와 같은 굉장한 능력을 가진 생물들에 대해 이야기하겠다.

온도 적응

먼저 온도에 대한 적응부터 살펴보자. 우리가 보통 난방이나 냉방의 신세를 지지 않고 쾌적한 생활을 할 수 있는 온도는 봄이나 가을의 15°C~25°C 정도일 것이다. 그런데 온천에 사는 호열성(好熱性) 세균들은 50°C~90°C에서 쾌적하게 생활하고 있다. 최근의 조사에 따르면 태평양의 해저화산 부근에는 120°C에서 생육하는 세균이 살고 있다고 한다. 인간이라면 화상을 입고 세포의 단백질이 열에 의해 변성(變性)해 버릴 온도이다.

어떻게 그들은 살아 있을 수가 있을까? 그 비밀은 단백질 등 세포 내의 고분자물질이 매우 열에 강한 구조를 지니고 있기 때문이다.

세균의 무리에는 또 호냉성(好冷性)인 것도 있다. 그들은 전적으로 북극이나 남극에 살거나 냉동식품에 붙어 생활하고 있다. 그중에는 −10℃에서도 충분히 성장할 수 있는 것도 있다. 생물의 세포는 본래 추위에 강하며 마이너스 수십 도에도 견딜 수는 있으나 성장은 불가능하다. 보통의 세균이라면 영도가 되면 생장할 수가 없다.

염 적응

다음은 염(鹽)에 대한 적응이다. 식물을 오래 보존할 때는 흔히 소금이나 된장에 절이는데, 이것은 짙은 소금물 속에서는 부패균이 성장할 수 없음을 이용하고 있는 것이다. 바닷물 속에서 입은 상처는 쉽게 곪지 않는 것도 같은 이유에서이다. 그런데 포화(飽和)에 가까운 소금물 속에서도 일상적으로 생활하고 있는 호염균(好鹽菌)이 있다. 팔레스타인의 동부 요르단과의 경계에 있는 사해(死海)나 미국의 유타주 그레이트솔트호(大鹽湖)는 호수가 증발하여 포화에 가까운 염농도(전자에서는 약 32%, 후자에서는 약 26%)를 가지고 있다. 때문에 이들 호수에는 생물이 없는 것으로 되어 있다.

여러분은 활유(괄태충)에 소금을 뿌리면 오므라든다는 얘기를 들은 적이 있을 것이다. 이것은 세포 속보다 외부의 삼투압이 낮아서(염농도는 높

다) 내부의 수분이 바깥으로 나오기 때문이다. 호염균도 마찬가지여서 세포 밖의 삼투압이 낮으면 탈수되어 세포가 수축해 버릴 것이다. 그러나 위축하지도 않고 힘차게 성장하고 있는 것은 세포 속과 바깥이 같은 삼투압으로 되어 있기 때문이다. 이것은 바깥 액인 나트륨(식염)의 농도와 맞먹을 만한 칼륨 농도를 세포 속에 저장하여 삼투압의 균형을 취하고 있기 때문이다. 호염균은 설탕절임에도 강하다.

고압 적응

마지막으로 고압에 대한 적응을 살펴보자. 바다의 산호초에는 아름다운 물고기가 떼를 이루어 생활하고 있다. 그러나 바다가 깊어짐에 따라 생물의 수는 급격히 적어지고, 수천 m의 심해가 되면 생물의 모습을 볼 수가 없다. 그런데 이런 해저에도 세균들은 살고 있다. 호압성(好壓性) 세균이다. 5,840m의 심해 퇴적물로부터 600기압에서 가장 잘 성장하는 세균이 발견되어 있다. 그런데 재미있는 것은 해면 위로 끌어 올렸을 때 기압의 감소 때문에 죽어버리는 것도 있지만, 태연하게 성장하는 것도 있다. 수십 m만 잠수를 해도 잠수병에 걸리는 인간과는 아주 딴판이다.

더욱 흥미로운 것은 극한이라고 할 이상 환경 아래서 살아갈 수 있는 생물은 모든 경우 세균들에게 국한되어 있다는 점이다. 이것은 원시적인 생물이 생명의 구조를 바꾸기 쉽다는 것을 가리키고 있다.

34. 원시적인 동물 —짚신벌레—

동물과 식물의 중간

고대 그리스 시대에는 자연계를 동물, 식물, 광물의 세 가지로 구분하고 있었다. 당시의 사람들은 생물의 세계를 명확하게 동물과 식물로 구분할 수 있는 것이라고 생각하고 있었고, 극히 최근까지 일반적으로도 그렇게 이해하고 있었다.

그런데 분류학이 진보함에 따라 그 구분이 차츰 어렵다는 것을 알게되었다. 해안에서 채취한 히드라충이나 태충(苔虫)의 군체(群體)를 해조(海藻)라고 생각하여 그 감정을 해조전문가들에게 부탁해 오는 일이 많다고 한다. 이를테면 히드라충류의 새털히드라(〈그림 34〉의 왼쪽 위)의 군체는 가지가 뻗어 확실히 양치식물처럼 보이며, 태충류인 모자반태충(그림의 왼쪽 아래)의 군체는 해조의 모자반과 흡사하다. 그러나 모두 어엿한 동물로서, 전자는 강장동물(腔腸動物), 후자는 촉수동물(觸手動物)로 분류되어 있다. 이러한 다세포생물조차 이렇기 때문에 단세포생물의 세계에서는 더 분류하기 어려운 생물이 여러 가지 있다. 단세포생물 중에는 식물 교과서나 동물 교과서에도 나와 있지 않은 것이 많다. 특히 편모를 갖는 무리에는 더욱 많다.

이 무리에는 동물로서의 운동능력을 지니면서 엽록체를 갖고 있는 것과 엽록체를 갖고 있지 않는 것이 포함된다. 엽록체를 갖는 것은 동물이 될까, 식물이 될까 하고 망설였던 시대의 후예라고도 할 수 있겠고, 엽록체를 갖지 않은 것은 동물이 되기로 분명히 결정한 생물이라고도 할 수 있을 것이다. 바꿔 말하면 생물진화의 역사 가운데 동물과 식물이 계통적으로 가지가름을 했을 무렵의 매우 중요하고 흥미 있는 생물군인 것이다.

진화한 단세포동물

그런데 여기서 제목으로 든 짚신벌레는 단세포생물이기는 하지만 확실히 동물로 진화하기로 한, 말하자면 동물로의 진로를 결정한 우등생이다. 못이나 늪에서 채취한 물에 짚을 가라앉혀 두면 잘 번식하고 순수배양도 용이하다는 점과 또 수컷과 암컷의 접합에 의한 유성생식(有性生殖)을 하기 때문에 유전의 연구에도 적합하여 매우 연구가 잘 진행되고 있다. 300년 전부터 다루어진 짚신벌레는 특히 19세기 말부터 급속히 그에 대한 연구자의 수가 증가하고 있다. 그 때문에 다른 원생동물에 비해 특별히 세포의 구조가 잘 알려져 있다.

그림의 오른쪽에 보인 것이 짚신벌레의 형태이다. 우선 운동장치로서의 많은 털이 눈에 띈다. 이와 같은 털은 섬모(織毛)라 불린다. 편모와 섬모는 구조적으로나 운동방식도 같으나 길고 수가 적은 것을 편모, 짧고 수가 많은 것을 섬모라 부르고 있다. 핵은 크고 작은 두 개가 있어 작은 쪽

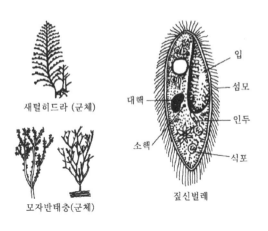

그림 34 | 식물 같은 형상을 취하는 동물과 짚신벌레

은 생식을, 큰 쪽은 영양의 분해라든가 합성 등의 대사를 담당하고 있다. 단세포이면서도 일정한 주둥이가 있고 먹이는 거기서만 먹으며, 배설물도 항문에서만 나온다. 이 사이에는 소화관이 있다. 이와 같이 짚신벌레는 단세포이면서도 마치 다세포동물처럼 기관을 전부 갖추고 있다. 그리고 짚신벌레는 세포로서도 매우 커서 같은 원생동물인 아메바(20~30미크론)의 10배 정도의 크기를 가졌기 때문에 그 내부도 갖가지 기관을 포함할 여지를 가진 것이다.

짚신벌레의 성

짚신벌레는 또 성(性)을 지니고 있다. 그러나 수컷과 암컷이라는 한 쌍의 성이 아니라 여러 종류의 조합이 가능하다. 성을 달리 하는 상대를 섞으면 접합한다. 짚신벌레는 이름 그대로 짚신 모양을 하고 있기 때문에 접합을 시작하면 그 모습이 한 켤레의 짚신을 가지런히 일치시킨 것처럼 보인다. 그러나 정자와 알의 수정같이 두 개의 성세포가 융합하여 하나가 되는 것이 아니라, 접합하여 두 세포 사이에 유전자를 교환하고 나면 다시 갈라져 나간다.

짚신벌레의 이와 같은 성행동은 재미있게도 먹이를 충분히 보급해주면 시작하지 않고, 굶주린 상태로 두었을 때 행동을 일으킨다. 이것은 짚신벌레뿐만 아니라 생물의 세계에서 흔히 볼 수 있는 현상으로, 확실히 자손을 남겨 두려는 생물의 궁극적인 구조일 것이다. 이를테면 세균과 같은 하등생물이 생활에 불리한 환경에 놓이면 포자를 만들어 불편한 환경을 견뎌내는 것과 비슷할 것이다.

어떤 종류의 짚신벌레는 카파(Kappa)라 불리는 작은 입자를 함유하고 있다. 이것을 가진 것은 킬러(살인자)로, 이것을 갖지 않은 짚신벌레와 접합하면 상대를 죽여 버린다. 그러나 킬러 자신은 자신의 카파에 면역을 지니고 있으므로 자살하는 일이 없다. 짚신벌레는 또 원시적이지만 신경운동 장치를 가져, 재빠르게 행동한다. 단세포동물로서는 진화의 정점에 서 있는 것이 이 짚신벌레이다.

35. 개체발생과 계통발생

발생이란?

자연계에는 단세포생물과 다세포생물이 있다. 진화상으로 말하면 단세포생물은 다세포생물보다 원시적이다. 그러나 아무리 복잡하고 수많은 세포로 이루어지는 다세포생물이라도 수정란이라는 한 개의 세포가 출발점이다. 포유동물로 말하면 수정란은 자궁 속에서 세포분열(난할)을 반복하며 세포 사이에 차츰 특수화가 일어나(분화라 한다) 저마다의 조직이니 기관이 만들어져 간다. 그리고 어느 기간이 경과하면 개체로 완성된 태아를 출산하게 된다. 이와 같이 한 생물의 싹이 태어나고 발육하여 성체가 되기까지의 경과를 개체발생(個體發生)이라 한다.

그런데 생물의 기나긴 진화의 역사 가운데서는 여러 가지 종류의 생물이 새로 나타나 어떤 것은 번영하고 어떤 것은 쇠퇴하여 절멸했다. 이렇게 각각의 생물종이 새로 태어나 현재에 이르거나 절멸에 이르기까지의 그 종족의 역사를 가리켜 계통발생(系統發生)이라 부르고 있다.

헤켈의 학설

18세기 후반에서부터 19세기 초에 걸쳐 동물학 연구에 숱한 업적을 남긴 독일의 헤켈(E. H. Haeckel)은 이 문제에 대해 다음과 같은 생각을 제안했다. 그것은 「개체발생의 과정은 계통발생의 과정을 반복하는 것이다」라는 주장이었다. 참고로 덧붙이면 개체발생과 계통발생이라는 말도 헤켈에 의해 만들어진 것이다.

그런데 이 헤켈의 설은 과연 정당한 것이었을까? 헤켈은 개체발생의 과정에 나타나는 여러 가지 형태상의 단계적 변화와 생물진화의 과정을 가리키는 화석의 형태를 비교하여 이 학설을 착상한 것이었다. 현재는 그밖에 대사(代謝)상으로 남겨져 있는 진화의 흔적으로부터도 이 설의 가부가 조사되고 있다.

헤켈은 어류에서부터 인간까지 척추동물의 개체발생 단계를 비교했다. 〈그림 35〉를 살펴보자. 개체발생의 최종단계에서는 물고기, 거북, 닭……으로 각각의 동물이 특징적인 체형을 하고 있는데, 그 앞 단계에서는 저마다의 특징이 점점 줄어들고 있다. 그러나 파충류, 조류 또는 포유류는 분명히 어류나 양서류와는 다른 복잡한 형태이다. 그러나 다시 발생 초기로 거슬러 올라가면 모두 해마(海馬)와 비슷한 어류를 닮았다. 그림에는 보이지 않지만 개체발생을 더욱 거슬러 올라가면 더욱더 동물 간의 차이가 없어져 구별하기 어렵게 된다.

이렇게 비교해 보면 확실히 헤켈의 학설이 동물의 세계에서는 적중하고 있는 듯이 보인다. 그러나 식물의 세계에서는 적어도 외부의 형태를

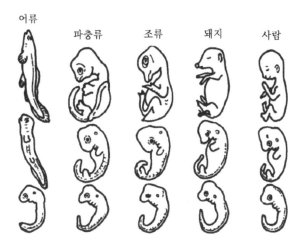

그림 35 | 개체발생은 계통발생을 반복한다 -헤켈

비교하는 한은 좀 무리인 듯 싶다. 즉 동물과 식물에서는 개체발생의 과정 형성이 상당히 다르게 되어 있다. 그러나 흥미로운 것은 동물의 세포는 발생의 극히 초기의 것이라면 본래로 되돌아가지만 분화한 세포는 결코 본래의 미분화상태로 되돌아가지 않는다는 것이다. 식물세포는 성체가 된 후에도 본래의 미분화인 세포로 되돌아간다. 식물체로부터 한 개의 세포를 추출하여 배양하면 그것이 성장하여 다시 한 그루의 식물이 되지만, 동물의 몸에서 한 개의 세포를 끌어내 배양한다고 한 마리의 동물로 키워낼 수는 없다.

발생과 대사

헤켈의 학설은 체형뿐만 아니라 대사에 있어서도 잘 들어맞는 예가 있다. 물고기는 단백질을 분해하면 그 질소분을 암모니아의 형태로 물속에 버린다. 물속에서 생활하고 있는 양서류의 유생(幼生)도 이렇게 질소분을 처리하고 있다. 그런데 양서류도 육상에서 생활하게 되면 암모니아는 해롭기 때문에 이것을 요소로 바꾸어 버린다. 포유류도 마찬가지이다. 또 파충류나 조류처럼 육상에 알을 낳아 거기서 발육하는 것에서는 도중에 질소분은 요소보다 더 독성이 적은 요산으로 만들어 배출하고 있다. 그러나 닭의 개체발생에 대해서 조사해 보면, 질소분은 초기 단계에서는 암모니아로, 다음 단계에서는 요소로, 그리고 최종 단계에 해당하는 성조에서는 요산으로서 배출한다. 즉 닭은 진화과정과 마찬가지로 개체발생의 각 단계에 대응하여 물고기형, 양서류와 파충류형 그리고 조류형으로, 배출해야 할 질소화합물의 형태를 바꾸고 있다.

이렇게 보면 생물은 개체발생도 계통발생도 낡은 체질 위에 새로운 체질을 쌓아 올리는 방식으로 진화했다고 생각된다. 생물의 진화에 수반하여 세포의 DNA양이 급증해 가는데, 그것은 이미 있는 DNA의 부분적인 또는 대폭적인 중복에 의한 것이라고 생각된다. 절대 새로운 DNA를 만들지는 않는 것처럼 생각된다. 헤켈설은 체형의 변화에 관한 이야기이지만, 그 원인은 여기에 있다고 말할 수 있을 것이다.

36. 식물의 직립

나무의 줄기

같은 다세포생물이라도 동물의 몸은 전주가 될 수 없지만, 식물의 몸이라면 전주도 될 수 있고, 무거운 지붕을 떠받치는 기둥도 될 수가 있다. 어째서일까? 동물의 몸은 연하지만, 식물 특히 나무(목본식물; 木本植物)의 줄기 부분은 매우 단단하고 더구나 끈질긴 체질을 가졌기 때문이다. 이것은 동물과 식물의 세포 구조의 차이에 원인이 있다. 동물세포를 만드는 기초물질은 콜로이드라 하여, 어느 때는 우유같이 또 어느 때는 한천같이 액체가 되었다, 젤리 모양이 되었다 하는 성질을 지니고 있다. 게다가 표면은 지방질과 단백질로 된 얇은 세포막이 감싸고 있다. 그러므로 살결의 촉감으로도 알 수 있듯이 매우 부드럽고 탄력성이 있다.

식물의 세포는 세포막 위에 또 하나의 세포벽이라 불리는 두툼한 벽이 덮여 있다. 이 벽의 성분은 셀룰로스(섬유소)로, 실과 같은 기다란 분자가 마치 그물을 씌운 듯이 여러 겹으로 세포를 감싸고 있다. 나무의 세포는 나이를 먹는 데 따라 이 그물코 속에 여러 가지 물질이 침착하여 차츰 단단해져 간다. 리그닌, 큐틴, 왁스, 수베린, 무기물질 등이 셀룰로스의 그물코에 채워 넣어져 마치 콘크리트를 넣어 굳혀 놓은 것처럼 된다. 특히 리그린이 채워지면 매우 단단해지는데, 재목의 강도는 주로 이 리그닌의 침적(沈積)에 따른다. 목재의 단면을 살펴보면 가장자리 쪽의 흰 부분과 중심부의 붉은 부분을 식별할 수 있다. 이 붉은 부분은 흰 부분에 비해 특히 단단하고 치밀하며 잘 썩지 않는다. 그러므로 오래된 나무다리 등은 붉은 부분의 기둥만 남아 있는 것을 자주 보게 된다.

풀의 줄기

그러나 풀줄기(초본식물; 草本植物)는 나무줄기처럼 단단해지지 않고 대개는 지상에 있는 부분 자체가 1년 안에 말라 죽는다. 그래도 초본식물의 줄기가 직립해 있는 것은 세포가 가득히 수분을 함유하고 있기 때문이며, 수분이 없어지면 시들어 버린다. 이 수분을 가득 함유한 세포가 탱탱하게 긴장하는 것도 식물세포의 특징이다. 즉 강인한 세포벽이 있기 때문이다. 동물세포에 물이 자꾸 들어가면 마치 풍선에 바람을 가득 불어 넣었을 때처럼 연한 세포막이 팽창한다. 그런데 어느 정도로 팽창하면 이 막은 파괴되어 버린다.

한편 식물의 세포는 물을 흡수해도 세포벽이 무한정 팽창하는 것을 막고 있기 때문에 세포가 파괴되지 않고 탱탱하게 긴장하는 것이다.

식물이 단단한 몸을 갖고 있다는 것은 식물이 움직이지 않아도 살 수 있다는 것과 관계가 있다. 즉 물과 빛과 이산화탄소에 더하여 다소의 무기질만 손에 넣으면 광합성에 의해 스스로 영양물질을 합성하면서 어디서든지 살아갈 수 있기 때문에 움직일 필요가 없는 것이다.

동물과는 달리 식물의 몸은 살아 있는 한 계속 뻗어난다. 그것은 줄기와 뿌리 끝에 생장점(生長點)이라 불리는 부분이 있어 일생 동안 세포분열을 계속하기 때문이다. 식물 중에는 오스트레일리아의 유칼리나무처럼 130m에 이르는 높이까지 자라는 것도 있다.

수분의 상승

그렇다면 어떻게 이렇게 높은 곳에까지 수분을 올려보내고 있을까? 줄기 속에는 수분을 밀어 올리기 위한 통로가 있다. 도관(導管)이라 불리는 이 통로는 크고 작은 갖가지 파이프의 다발로 되어 있다. 이 파이프는 사방으로 가지가 갈라져 마지막에는 모든 잎에까지 통하고 있다. 잎 표면에는 작은 구멍이 많고 여기서 물이 증발하고 있다. 날씨가 좋고 바람이 부는 날에는 특히 물이 잘 증발한다. 실은 이 증발이 뿌리로부터 물을 끌어 올리고 있다. 즉 도관이라는 파이프 속은 절단된 곳이 없는 물기둥으로 되어 있다.

저녁에 수세미의 줄기를 잘라 그 단면을 됫병 속에 꽂아 넣어 두고 다음 날 아침에 보면, 병 속에 많은 액이 고여 있는 것을 볼 수 있다. 이 액은 수세미물이라 하여 예로부터 화장수 또는 기침을 멎게 하는 약으로 쓰여 왔다. 이 실험은 수세미물을 채집하기 위해서가 아니라, 식물의 뿌리가 물을 흡수하여 그것을 줄기로 밀어 올리는 힘을 갖고 있다는 것을 보

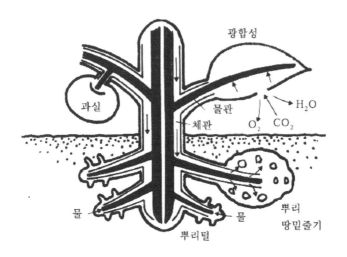

그림 36 | 식물의 물관과 체관

기 위한 것이다. 이와 같이 뿌리도 도관의 물을 밀어 올리는 힘을 가지고 있다.

　직립해 있는 줄기 속에는 잎의 광합성으로 만들어진 양분을 아래쪽으로 보내는 통로도 만들어져 있다. 이것은 도관과는 별개의 것으로 체관 또는 사관(篩管)이라 한다.

37. 척추를 가진 동물

골격을 갖는 동물

다세포동물의 진화과정을 살펴보면, 몸이 작은 동안에는 세포끼리의 결합으로 그 체형이 만들어지고 있으나, 몸이 커지면 체형을 유지하기 위한 특별한 구조가 나타난다. 이를테면 새우라든가 곤충 등 이른바 절지동물(節肢動物)에서는 체표를 단단한 각피(Cuticle)로 덮어 이것으로 체형을 잡고 있다. 그러나 이것으로 몸을 유지하는 데는 한계가 있는 듯하며, 매우 잘 진화해 있다고 하는 곤충이라도 체구가 거대한 것은 볼 수 없다.

큰 몸을 하고 있는 동물은 모두 척추를 갖고 있다. 그리고 이 척추를 중심으로 하여 좌우대칭으로 골격이 만들어지고, 각 동물의 체형에 적합한 지주(支柱)가 만들어져 있다. 그것은 마치 목조집을 지을 때 먼저 기둥을 세우고 그것을 중심으로 마룻대를 치고 대들보를 치고 또 작은 기둥을 사방에 세워 전체를 떠받치는 골격을 만드는 것과 흡사하다. 이와 같은 체형을 가진 동물의 무리를 척추동물이라 부르고 있다. 집에서는 여러 가지 가구를 마룻바닥 위에 두거나, 기둥에 붙이거나, 또 벽을 만들어 내부를 보호하듯이 척추동물도 갖가지 장기를 골격에 비끄러매거나 근육을 뼈에 붙이거나 해서 각각의 위치를 결정하고 있으며, 피부로 전신을 덮어 내부를 보호하고 있다.

식물은 이것에 대해 마치 벽돌집과 같이 세포를 하나하나 단단하게 쌓아 올려 몸을 만들고 있다. 아무리 큰 나무라도 척추동물처럼 척추나 골격이라는 것은 갖고 있지 않다. 그것은 벽돌처럼 한 개의 세포가 세포벽에 의해 단단하고 강인하게 되어 있으므로 특별한 기둥이 필요하지 않은 것이다. 그러므로써 척추동물보다 훨씬 키가 큰 나무라도 풍설을 견뎌내고 있는 것이다.

현재 육상에 사는 척추동물 중에서 가장 몸집이 큰 것은 코끼리이고, 가장 키가 큰 것은 기린이다. 이들이 거목만큼이나 크고 키가 자란다면 어떻게 될까? 비바람에 드러나게 되면 아마 자신의 무게와 겹쳐져서 쓰러질 것이 틀림없다. 코끼리보다도 큰 척추동물로는 긴수염고래(큰고래)가 있다. 긴수염고래는 큰 부력이 작용하는 해수 속에 살고 있기 때문에 공

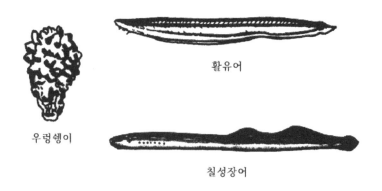

우렁쉥이

활유어

칠성장어

그림 37 | 원시적인 척추를 가진 동물

기 속에서 사는 것보다 수월하다.

그런데 동물의 세포가 식물과 같이 벽돌구조로 되어 있다면 운동도 할 수 없을 것이다. 척추는 등 쪽에 있는 한 개의 지주인데, 이것은 작은 뼈 몇 개가 염주알처럼 연결되어 있어 자유로이 구부러지는 구조로 되어 있다. 이 뼈와 뼈 사이에는 움직이기 쉽도록 하기 위해 연한 원판까지 들어가 있다. 척추란 이 작은 뼈를 말한다.

원시적인 뼈

그러면 진화의 역사에서 언제쯤부터 이러한 척추가 발생했는지를 살펴보기로 하자. 척추의 가장 원시형은 척삭(脊索)이라 하여 등 쪽을 달리는 한천질의 긴 막대로, 주위가 튼튼한 막으로 감싸여 있는 지주이다. 동물계에서 말하면 이것은 우렁쉥이나 활유어 무리에서 나타난다. 〈그림 37〉처럼 우렁쉥이는 뭉툭한 주먹 모양의 체형을 한 동물인데, 활유어는 가늘고 긴 작은 물고기와 같은 유선형을 이루고 있다. 하지만 눈도 없고 머리도 없다. 더 진화하여 척추동물이 되면, 척삭 외에 다시 뼈의 원시형이라고 할 수 있는 연골을 가진 동물이 나타난다. 칠성장어가 그 무리이다. 칠성장어의 체형은 활유어와 닮았으나 "칠성"이라 말할 정도로(실제는 한쪽에 눈이 1개 있고 나머지 7개는 아가미구멍이다) 눈도 있고 머리도 있다. 이것은 물고기의 조상에 해당하는 동물로 민물이나 해수 속에 널리 분포해 있다. 소화관에 다량의 비타민A가 함유되어 있기 때문에 예로부터 야맹증에 잘

듣는다고 말해 왔다. 즉석 불구이도 맛이 좋다고 한다.

연한 뼈를 척추로 하고 있는 원시적인 물고기의 대표로 상어와 가오리가 잘 알려져 있다. 또 진화한 단단한 뼈를 가진 어류는 여러분이 생선가게에서 흔히 볼 수 있는 것들이다.

어류는 물속에서부터 육상으로 올라오는 방향으로 진화해 왔다. 그리고 수륙 양서의 양서류가 태어났다. 그것은 발달한 앞다리와 뒷다리를 가져 육상도 걸어 다닐 수 있게 되었다. 또 진화하여 파충류가 되자 거대한 몸을 가진 공룡이 나타났다. 현존하는 공룡 뼈의 화석을 보면 위로 한참 동안 쳐다봐야 할 만큼 엄청나게 크다. 그러나 지나치게 컸던 것이 목숨을 앗아가는 원인이 된 것 같다.

뭐니 뭐니 해도 별난 파충류는 거북이다. 등과 배 쪽에 등껍질을 가졌고 척추를 중심으로 판자 모양의 뼈가 발달해 있다. 거북의 등껍질은 적으로부터 몸을 보호하기 위해 진화한 완전 방어형의 체형일 것이다. 더욱 진화하여 조류가 되면 비행을 위해 골격이 가벼워지고 앞다리가 날개로 변형한다. 그러나 보다 진화된 포유류의 골격은 기본적으로 파충류와 다를 바가 없다.

38. 생물과 환경 ―물질순환―

환경이란?

여기에 어떤 주체가 있으면 당연히 그것이 존재하고 있는 터전(場)이 있다. 이 터전을 가리켜 환경이라 한다. 그러므로 생물이 있으면 그 생물에 대한 환경이 있다. 그러나 그 환경 속에는 비생물적인 환경뿐만 아니라, 이를테면 특정 개체 또는 집단을 주체로 생각한다면 그것을 둘러싸는 개체나 집단도 이른바 생물적 환경이 된다. 원시 지구에 처음으로 생명이 탄생했을 때, 그 첫 한 마리의 생물에 대한 환경이란 모두 비생물적인 환경이었을 것이지만, 현재와 같이 무수한 생물 개체가 살고 있는 지구에서는 생물적 환경이 커다란 의미를 지니고 있다.

먹이사슬

생명은 이 지구 위에 태어난 순간부터 환경과 관계를 갖고 있다. 즉 살아가기 위해 필요한 물질이나 에너지를 주고받는 일뿐만 아니라 여러 가지 영향을 환경으로부터 받고 있다. 또 현재와 같이 생물 수가 많으면 생물이 여러 가지 영향을 환경에 주게 된다. 이와 같이 생물과 환경은 서로

겹겹으로 교섭을 하고 있다.

그런데 복잡하기 그지없어 보이는 생물과 환경 사이의 관계를 정리해 보면, 그림에 보인 것과 같은 커다란 물질의 흐름으로 정리할 수가 있다. 여기서 이들 흐름의 근원을 캐어 가면 마지막에는 태양의 빛에 도달한다. 그것은 태양의 에너지가 모든 생물의 생명을 지탱하고 있기 때문이다.

우선 제1단계로서, 녹색식물은 이 빛에너지를 사용하여 광합성을 하고, 탄수화물을 비롯하여 여러 가지 영양물질을 합성한다. 말하자면 먹이의 생산자이다.

제2단계는 이 식물을 먹고 사는 이른바 초식동물이다. 이것은 제1차 소비자가 된다.

제3단계는 이 초식동물을 먹고 사는 육식동물로 제2차 소비자라 할 것이다. 제2차 소비자 사이에서는 서로가 잡아먹으면서 살아가는 동물이 있는데, 어쨌든 그들의 생명을 지탱해 주고 있는 것은 제1차 소비자이다.

제2차 소비자가 죽으면 이번에는 토양 속의 세균류나 곰팡이류의 영양물질이 되어 분해된다. 따라서 이들 미생물을 제3차 소비자라 하게 된다. 이 제3차 소비자는 제2차 소비자뿐 아니라, 제1차 소비자도, 또 생산자조차도 죽으면 그것들을 영양물질로 삼아 철저하게 분해해 버린다. 그 결과 생물은 모두 이산화탄소, 암모니아, 물 등의 무기물로 바뀐다. 그리고 이 무기물은 녹색식물에 이용되어 다시 광합성을 통해 유기영양물질이 생산되는 사이클을 형성하게 된다. 이처럼 먹이가 계층상태로 섭취되는 것을 가리켜 먹이사슬이라 부르고 있다.

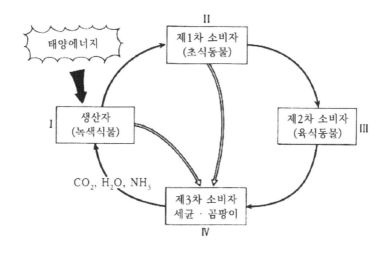

그림 38 | 자연의 먹이사슬의 순환

자연계의 물질은 이와 같이 유기물과 무기물 사이를 뱅글뱅글 회전하고 있다. 그러나 자연계에서는 생산자보다는 제1차 소비자, 제1차 소비자보다는 제2차 소비자, 제2차 소비자보다는 제3차 소비자라는 식으로, 먹이사슬의 단계는 높은 쪽으로 갈수록 피라미드처럼 생물의 개체수나 총량이 적어지고 있다. 어느 호수에서의 측정 결과에 따르면, 생산자의 총량을 100으로 했을 경우 제1차 소비자는 4.5%, 제2차 소비자는 0.02%로 급격히 값이 작아져 간다. 즉 먹이사슬의 피라미드는 위로 올라갈수록 그 생물을 기르기 위한 먹이의 이용 효율이 낮아진다. 더 구체적인 수치를 보이면, 이를테면 방어 양식어업에서는 1톤의 방어를 수확하는 데 8~10톤의 정어리를 먹이로 제공해야 한단다. 그리고 이만한 정어리가 자라는 데는 대충 100~1000톤의 식물플랑크톤 등을 먹어야 했을 것이다.

육식동물은 적다

따라서 앞에서 언급한 호수에서의 먹이사슬의 피라미드는 아래쪽으로 갈수록 먹이가 넉넉하여, 이것으로 생태적인 균형이 잡혀 있는 것이리라. 즉 육식동물은 초식동물만큼으로는 불어날 수 없다. 이것은 아프리카 초원의 동물의 생태를 봐도 알 수 있는 일이다. 사자나 표범은 얼룩말만큼 개체수가 많지 않을 것이다.

왜 먹이사슬은 피라미드형이 되는가? 이것에 대해 엘턴(C. S. Elton)이라는 옛사람은 먹는 것은 먹히는 것보다 몸이 크기 때문에 개체수로 보면 피라미드형이 된다고 말했다. 그러나 개체수가 아닌 생물의 총중량으로 보더라도 앞에서 말했듯이 피라미드형이 된다. 이것은 열역학적으로 생각해 보면 먹이사슬의 윗자리로 가게 되면 에너지효율이 저하하기 때문일 것이다.

우리 인간도 식량난을 당하게 되면 제2차 소비자가 아닌 제1차 소비자가 되는 것이 살아가기 쉬울 것이다.

39. 발효

술의 발효

유럽을 비롯하여 서양 각지에서는 유사(有史) 이전부터 야생의 포도 열매를 짓이겨 보존해 두면 사람을 취하게 하는 신기한 약이 된다는 것이 알려져 있었다. 우리나라에서도 술을 빚는 기술은 신화 시대부터 있었다. 옛날 사람들은 아마 술이 신의 힘에 의해 만들어지는 것이라고 생각했을 것이다. 일본말에는 오미키(神酒)라는 말이 있다.

17세기 후반에 네덜란드의 레벤후크(A. van Leeuwenhoek)에 의해 현미경이 발명된 이후, 땅 위의 도처에 미소한 생물이 살고 있다는 것을 알게 되었다. 그리고 포도주가 빚어지는 것은 포도 열매의 표면에 많이 붙어 있는 효모균이라는 미소한 생물의 작용이라는 것을 이해하게 되었다. 이 효모균은 공기 속에 떠 있는 먼지 등에 부착해 있다가 포도 열매에 자연적으로 붙는다. 포도알을 짓이겨 통 속에 담아두면 얼마 후에 거품이 일기 시작한다. 이 거품이 활발하게 일게 됨에 따라 포도주도 차츰 익어간다. 그러므로 사람들은 포도주의 양조를 발포(發泡)라든가 비등이라 부르고 있었다. 이 거품이 이는 것을 영어로는 Fermentation이라 부르는데 우리는 발효(發酵)라고 번역하고 있다.

효모균

17세기 초쯤 이 거품의 정체는 이산화탄소이며, 사람을 취하게 하는 성분은 에틸알코올(보통 줄여서 알코올)이라는 사실이 화학분석으로 확인되었다. 또 18세기 후기가 되자 프랑스의 라부아지에(A. L. Lavoisier)는 발효라는 것은 포도의 액즙에 함유되는 포도당이 화학변화를 해서 알코올과 이산화탄소가 발생하는 현상이라는 것을 밝혔다. 또 발효는 효모균이 살아가기 위해 필요한 에너지를 포도당으로부터 짜내고 있는 현상이라는 것도 알았다. 즉 포도당은 효모균의 먹이이며, 이것을 분해할 때 생기는 에너지를 사용하여 생명을 유지하고 자손을 증식해 가는 것이다. 오랫동안 알코올은 효모균의 생명의 근원(精)이라 하여 알코올을 주정(酒精)이라 불렀다. 그러나 과학적으로 말하면 알코올은 효모균이 포도당으로부터 에너지를 짜낸 찌꺼기이다. 그러나 그 알코올이 사람을 취하게 하는 이상한 작용을 가졌기 때문에 신이 보내주신 선물이라고 고맙게 마시고 있다.

그런데 알코올 발효에 의해 효모는 어느 정도의 에너지를 얻고 있을까?

ATP 생산

1분자의 포도당, 즉 180g의 포도당으로부터 ATP분자의 수로 환산하여 2개를 수확하고 있다. 그런데 우리가 일상 하고 있는 산소 호흡에서는 같은 양의 포도당으로부터 38개의 ATP분자를 얻고 있다. 바꿔 말하면 발효는 포도당이 지니고 있는 에너지의 아주 근소한 양밖에 이용하고 있지

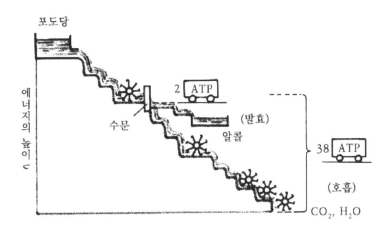

그림 39 | 발효와 호흡의 대사

않은 것이다. 이것은 버려진 알코올 속에 아직 상당한 정도의 에너지가 남아 있다는 것을 의미한다. 이 설명으로도 알 수 있듯이 발효라는 에너지 생산방법은 산소 호흡에 비해 매우 비능률적인 방법이다. 이것은 발효가 산소 호흡보다 훨씬 원시적인 에너지 생산대사이기 때문이다.

생명이 지구 위에 탄생한 40억 년쯤 전부터 상당히 오랫동안 대기는 산소를 함유하고 있지 않았다. 따라서 당시의 생물은 산소를 쓰지 않고서 에너지를 생산하는 이른바 발효에 의존하여 살고 있었다. 산소 호흡은 식물의 광합성에 의해 산소가 생산되고 대기 속에 축적하게 되면서부터 태어난 에너지 생산대사이다.

그러나 흥미롭게도 현재의 산소 호흡 생물도 낡은 발효대사를 엄연히 가지고 있다. 다만 포도당의 분해는 알코올 쪽으로는 진행하지 않고 도중에 산소 호흡 대사 쪽으로 흘러간다. 그리고 이산화탄소와 물로까지 완전히 분해하여 에너지를 수확하고 있다.

여기서 중요한 것을 알았으리라고 생각한다. 생물은 낡은 것을 쉽게 버리려 하지 않는다는 점이다. 진화에 의해 새로운 성질을 몸에 지녔다고 하더라도 그것은 낡은 성질 위에 새로운 부분을 겹쳐 쌓아 올린 것이다. 그러므로 발효대사로부터 산소 호흡대사로 진화한 것은, 알코올로의 흐름을 그만둔 후의 대사 부분만의 것이 된다.

그런데 효모균이란 참으로 재간이 있는 생물로, 산소가 있으면 산소 호흡으로, 산소가 없으면 발효로라는 식이다. 효모균뿐만 아니라 미생물의 무리에는 이와 같은 것이 많다. 그런데 인간은 그렇지 못하다.

40. 세포 융합

세포막을 융해

두 개의 세포가 서로 다가가서 하나로 되어 버리는 것을 세포융합(細胞融合)이라 한다. 최근에 바이오테크놀로지의 신기술로 크게 각광을 받고 있는데, 자연에서도 이와 같은 일이 일어나고 있다. 이를테면 정자와 알(난자)이 융합하여 수정란을 만드는 것은 잘 알려진 일이다.

세포의 표면을 감싸고 있는 세포막은 지방질로 이루어져 있으므로, 전기적으로 중화시켜 주면 본래 융합하기 쉬운 것이다. 그러나 세균이라든가 식물의 세포에서는 세포막 위에 또 하나의 두꺼운 덮개가 있어 이를 세포벽이라고 한다. 세포벽이 있으면 세포끼리 융합하지 않기 때문에 효소 등을 사용해서 그 벽을 소화하여 알몸의 세포로 만들어야 한다. 이런 알몸의 세포는 자연적으로 결합하지만 일반적으로 융합하는 일은 없다. 즉 세포막이 서로 융합하여 양쪽 세포 사이의 간막이가 없어지지 않으면 알맹이의 세포질이나 핵이 혼합할 수 없는 것이다.

그래서 세포막의 지방질을 조금만 녹일 수 있게 약제를 가해 준다. 여기에 일반적으로 사용되고 있는 것이 폴리에틸렌글리콜이다. 동물세포를 인공배양하면 드물게 세부융합이 일어나 다핵으로 된 세포가 태어나기도 한다. 그런데 배양세포에 폴리에틸렌글리콜을 보태주면 매우 높은 빈도로 세포융합이 일어난다. 그리고 흥미롭게도 동물 바이러스 중에는 자기가 살고 있는 숙주세포의 융합을 유발하는 것이 있다. 센다이바이러스라든가 마진(麻疹) 바이러스로 불리는 것이 특히 유명하다.

바이오테크놀로지에서 세포융합이 귀중한 현상으로 되고 있는 이유는 유전적인 교배가 불가능할 만큼 관계가 먼 생물 사이에서도 세포융합이 가능하기 때문이다. 자연계의 생물 사이에서 유전자의 조합이 일어나는 것은 관계가 아주 가까운 것으로 한정되어 있다. 이를테면 인류라면 인류 사이에 국한되어 있고, 일본원숭이라면 일본원숭이 사이에 한정된다. 이러한 엄격한 자연의 규칙이 생물의 계통을 지켜온 것이다. 그런데 인공적으로 세포융합을 하면 상당히 관계가 먼 사이에서도 유전자의 조합이 가능하다. 이제는 수컷과 암컷의 교배라는 수단에 의존하지 않더라도 두 종류의 세포가 있으면 융합시킬 수가 있다.

포마토

여기서 유쾌한 일을 생각한 사람이 있다. 감자(Potato)와 토마토(Tomato)의 알몸세포를 융합시켜 튀기세포를 만들었다. 이것을 배양하자 한 그루의 식물로 자랐다. 포테이토와 토마토의 튀기라는 의미에서 이 식물을 포마토(Pomato)라 명명했다. 그런데 지상의 줄기에는 토마토가 주렁주렁, 지하에는 감자가 주렁주렁 생겼을까? 유감스럽게도 토마토도 달리

그림 40 | 포테이토+토마토=포마토는 꿈일까?

지 않고 감자도 알이 작은 것이 달렸을 정도로 전혀 실용적이지 않았다. 이 결과는 무엇을 가르쳐 주고 있을까? 그것은 튀기세포에는 확실히 감자의 유전자와 토마토의 유전자가 모두 들어갔지만, 그들 유전자는 서로 간섭한다는 사실이다. 튀기세포 속에서는 감자의 유전자도 토마토의 유전자도 제대로 기능을 발휘하지 못하는 것이다. 이와 같이 관계가 먼 세포를 융합하면 여태까지 전혀 알려져 있지 않았던 어떤 곤란이 생기게 된다.

유전자의 싸움

또 이런 일도 알려져 있다. 어떤 튀기세포는 한쪽에서부터 온 유전자는 모두 함유하고 있는데도 다른 쪽으로부터 온 것은 극히 일부밖에 포함되지 않는다. 이를테면 인간의 세포와 쥐의 세포를 융합시키면 튀기세포 속에는 주로 쥐의 유전자가 포함되고, 인간의 유전자는 거의 축출되고 만다.

두 종류의 세포를 융합하여 각각의 좋은 특징을 가진 튀기생물을 만들 수가 있다면 멋질 것이라고 생각한다. 이를테면 한쪽이 질병에 강하고 다른 쪽이 추위에 강한 작물을 만드는 데에 이 세포융합을 이용할 수 있다고 누구나가 생각할 것이다. 그러나 그것은 여러 가지 곤란한 문제가 있어 그렇게 간단한 일이 아니다. 세포융합을 했기 때문에 튀기식물이 한쪽의 나쁜 성질과 다른 한쪽의 나쁜 성질을 고루 지니게 될지도 모른다.

세포융합이라는 것은 목적하는 유전자만을 넣는 것이 아니라 원하지 않은 유전자도 동시에 들어가게 마련이어서 튀기세포의 유전자 발현은 매우 복잡하다. 이 방면의 깊이 있는 연구는 아직 충분한 수준까지 발전하지 못했으므로 예상하기는 불가능하지만 상대하는 유전자 사이에서 어떤 힘겨루기가 일어날 것이 확실하다.

41. 세포막의 구조

막 통과

세포막이란 세포를 감싸고 있는 보자기이다. 그러므로 세포의 생명은 완전히 이 막에 감싸여 있다. 이 막이 없으면 알맹이는 모조리 바깥으로 흩어져 나가버릴 것이다. 생명의 드라마는 이 막 속에서 연출되고 있다. 세포막은 원시 지구 위에 생명이 탄생한 당시부터 존재하여 세포를 감싸 왔었다고 생각된다.

세포는 환경과 부단한 관계를 지니면서 생명을 유지하고 있다. 광에너지로부터 무기물, 유기물까지 모든 필요한 물질은 환경으로부터 섭취하고 또 대사산물 중 불필요한 것을 세포 바깥으로 방출하고 있다. 이들의 모든 드나듦은 세포막을 통해 이루어지고 있다.

물질이 세포막을 통과하는 방법에는 여러 가지가 있다. 우선 천천히 막을 통해서 침투하는 방법이다. 이것은 확산이라 불리는 현상으로서 어떤 막에서도 일어난다. 이때 몇 가지 특징이 있다는 것을 알 수 있다. 첫째는 작은 분자일수록 잘 통과한다. 세포막이라는 커다란 막에는 천(직물)의 발과 같은 작은 틈새가 있어, 작은 분자일수록 여기를 잘 통과하고 있다. 둘째는 알코올 등 기름에 잘 녹는 물질일수록 잘 통과한다. 따라서 술을

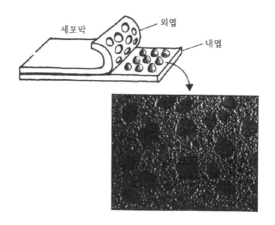

그림 41 | 세포막의 구조(대장균)

마시면 알코올분이 매우 신속하게 소화관으로부터 흡수되는 것으로 알려져 있다. 에테르로 마취를 하는 것도 같은 원리이다. 이상과 같이 막을 통과하는 두 가지 성질, 말하자면 어떤 물질이라도 위에서 말한 것과 같은 성질이 있으면 통과를 허용한다.

그런데 막에는 특정 물질을 신속하게 통과시키는 구조가 갖추어져 있다. 그 특정 물질이란 영양물질로서 그 종류마다 구조가 다르다. 그것은 마치 열쇠와 자물쇠 같은 관계로, 화학구조가 딱 들어맞지 않으면 움직이지 않는 장치이다. 그러므로 수송효소(輸送酵素)라고 불리기도 한다. 이를 테면 포도당의 수송효소는 젖당을 절대 통과시키지 않는다. 이와 같이 세포막에는 영양물질의 종류에 따른 각각의 수송효소가 있으므로, 상당히 많은 종류의 수송효소가 그 얇은 세포막에 들어 있다. 보통의 물질은 막 바깥과 안이 같은 농도가 되면 통과가 멎어버리지만, 수송효소는 에너지를 소비하면서 작용하고 있으므로 에너지를 공급하면, 막 안팎의 농도 차를 거슬러서라도 한쪽 방향으로 계속하여 수송한다. 세포막은 공항이나 항구처럼 내부의 생명을 양육하기 위한 하나의 교통관문인 것이다.

세포막에는 안팎이 있다. 세포막만을 분리하여 겉과 뒤를 거꾸로 할 수가 있다. 그렇다면 이 막은 영양물질을 어느 쪽으로 운반할까? 본래의 정상적인 막과는 반대 방향으로 수송할 뿐이다.

세포내막

세포막에는 이 밖에 여러 가지 효소 등 단백질이 들어가 있어 저마다 작용하고 있다. 특히 세균과 같이 핵이라든가 미토콘드리아가 내포되어 있지 않은 세포에서는, 세포막 속에 핵과 미토콘드리아 구실을 하는 효소가 포함되어 있다. 즉 하등한 생물에서는 세포막의 작용이 세포의 모든 생명을 지탱하고 있다고 해도 될 것이다. 현재의 기술로 한 장의 세포막을 두 장으로 벗겨 낼 수가 있다. 이렇게 하면 그림에서 살펴본 것과 같이 매우 많은 단백질의 입자가 세포막에 묻어 있는 것이 관찰된다. 이들의 입자 하나하나가 영양물질의 수송이라든가 DNA의 복제, 세포의 호흡대사를 관장하고 있는 효소 등이다.

세포 속에는 세포막 외에도 여러 가지 막이 포함되어 있다. 더구나 진화한 생물의 세포일수록 막이 취하는 구조는 복잡하고 잘 발달해 있다.

핵도, 미토콘드리아도, 엽록체도 모두 막으로부터 만들어진 구조체로, 이들 외에도 갖가지 막이 있다. 이것들은 모두 세포막과 마찬가지로 물질의 수송효소와 그 구조의 기능을 다하기 위한 효소 등을 많이 포함하고 있다.

막은 말하자면 책장이다. 여러분의 공부방도 유치원에 다닐 무렵에는 그다지 책이 없기 때문에 책장이 필요하지 않지만 상급 학교로 진학할수록 책이 늘어나기 때문에 책장을 써서 입체적으로 정리하지 않으면 처리가 안 될 것이다. 세포도 그것과 마찬가지다. 하등한 생물에서는 막은 세포를 감싸는 세포막 정도밖에 없으나 고등한 생물일수록 세포 속에 막 구조가 늘어난다. 이것은 대사가 복잡해지고 필요한 효소의 수가 불어나기 때문이다.

더구나 이들 책장의 재질은 모두 같아서 지방질로 만들어져있다. 어쨌든 간에 세포 생명의 비밀은 이 막에 포함되어 있는 것이 확실하다. 인간의 질병도 이 막의 기능에 결함이 있어 발생하는 예가 알려져 있다.

42. 작물의 기원과 육종

구석기 시대

미국 남부로 가면 바위산의 동굴 속에 아메리카 인디언이 최근까지 살고 있었던 유적이 여기저기에 보존되어 있다. 속을 들여다보면 타다 남은 장작개비, 사냥한 동물의 뼈, 먹다 버린 작은 동물의 뼈 등이 흩어진 채로 있다. 동굴 입구에는 1900년 모월 모일 아무개가 여기서 인디언이 생활하고 있는 것을 발견했다고 적은 팻말이 서 있다. 주위를 둘러보면 풀도 나무도 거의 없는 바위투성이의 불모지로, 멀리까지 사막이 펼쳐져 있다. 여름은 덥고 겨울에는 많은 눈이 쌓이는 이 엄격한 환경 속에서 그들은 어떻게 살았을까 하고 가슴이 찡해진다.

그러나 구석기 시대에는 인류가 모두 이런 생활을 하고 있었다. 그러나 이 아메리카 남부뿐만 아니라, 신석기 시대로 들어오면 수렵용 석기에 날을 세우고, 야생동물을 사육하고 길들여 목축을 시작했으며, 강 유역의 기름진 땅에다 들풀 중에서 먹을 수 있는 것을 골라 한 곳에 재배하는 원시적인 농경이 이루어지게 되었다. 이로써 사람들은 이제 일 년 내내 끊이지 않고 식량을 손에 넣을 수 있게 되었다. 이전과 같이 적은 먹이를 구하기 위해 들과 산을 뛰어다닐 필요가 없게 되었다.

어떤 추계에 따르면 한 사람 몫의 먹이를 확보하는 데는 20㎢의 넓은 땅이 필요하다. 그러나 이 토지를 갈아 작물을 키우면 이 땅에서 능히 6,000명을 양육할 수 있다고 한다. 따라서 인류는 어느 시대에도 충분한 양식을 얻을 수 있는 안정된 생활을 바라며 "먹이"의 확보에 특별한 힘을 쏟아 왔다.

들풀의 선발

청과물 가게의 점두에 있는 양배추, 상추 등의 야채나 쌀, 보리 등의 곡물도 본래는 자연의 산야에 자생하고 있던 풀이었다. 태곳적 사람들은

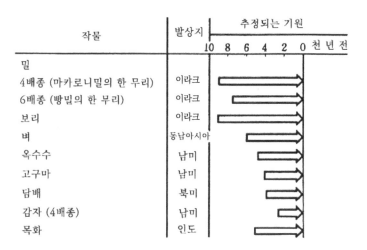

그림 42 | 작물의 기원

이 들풀 가운데서 먹을 수 있을 만한 것을 골라 집 가까이에 심고 그 성육(成育)을 관리한 것이 농업의 시작이다. 들풀 중에서, 혹은 재배하고 있는 동안에 먹을 수 있는 부분이 많은 "변종"을 발견하면 그것을 골라내 이듬해에는 그것을 재배하는 작업을 몇 세대에 걸쳐 반복해 왔다. 그 결과 차츰차츰 수확량이 많은 또 질이 좋은 재배종을 얻게 되었다. 그림은 현대 작물의 주된 것에 대해 그 기원을 추정한 것이다.

이것은 유적의 발굴 등에서부터 그 작물의 기원을 추정한 것이다. 어느 것도 다 놀랄 만큼 오랜 기원을 갖고 있다. 태곳적 사람들은 이 "골라내기(선발)" 수단이 품종개량의 효과적인 방법이라는 것을 경험적으로 알고 있었던 것이다.

밀의 기원

이 작물의 기원을 유전학적으로 추적한 예에 대해서 설명하겠다. 현재 우리가 빵을 만들어 먹고 있는 식빵밀은 육립계(穴粒系: 유전자의 조성 AABBDD)라 하여 여섯 줄로 열매가 달리고 밀 중에서는 가장 수확률이 높은 것이다. 세계에서 재배되고 있는 밀의 대부분은 이 종류이다. 이 육립계는 과거에 나타난 이립계(AABB)와 일립계(DD)의 자연교배에 의해 태어난 것이다. 마카로니 밀은 이립계이다. 이것은 과거에 있었던 다른 일립계(AA종과 BB종)의 자연교배에 의해 생긴 것이다. 그런데 이 일립계의 밀이란 야생종이다. 사람들은 이와 같이 생초인 밀이 자연적으로 교배되어 먹을 수 있는 부분이 많아진 변종을 재빨리 가려내어, 재배하고 다시 변종을 골라내 왔다. 밀의 고향은 중동의 티그리스강과 유프라테스강 사이에 낀 지방이다. 그리고 밀의 재배에 의한 안정된 식량의 공급이 메소포타미아 문명을 지탱했었다. 어느 문명도 저마다 수확률이 높은 작물을 갖고 있었다는 것은 그림에서 본 바와 같다.

근대농업이 발달하고 육종학(育種學)이 진보한 현재, 이들 작물은 질병에 강하고 추위에 잘 견디며, 질이 좋은 품종으로 여러 개량이 이루어지고 있다. 이를테면 일본의 벼는 동남아시아가 고향으로 원래는 열대성 식물이다. 그러나 품종개량을 거듭하여 지금은 홋카이도에서도 재배되고 있다.

앞으로는 바이오테크놀로지에 의해 더 훌륭한 품종개량이 이루어질 것이다. 그러나 세계의 식량 생산이 인구 증가를 따라가지 못하는 것이 현재의 실정이다. 더구나 아프리카 북부의 사하라를 비롯하여 세계 각지의 사막은 해마다 확대되고 있다. 사막의 개척도 급한 일이다. 토지를 사막화시키지 않기 위해서는 식물이 번성할 필요가 있다. 그런데 약간의 풀과 나무에 의존하여 방목되고 있는 가축은 뿌리까지 먹어 치워 버린다. 그렇게 되면 그곳의 식물은 절멸해 버리고 만다.

43. 유전자 조작

바이오테크놀로지

생명의 구조를 응용하여 인간 생활에 도움을 주자는 기술을 바이오 테크놀로지(Biotechnology)라고 한다. 실은 이 기술은 역사가 있기 전부터 술을 만들거나 쓸모 있는 작물의 재배 등에 사용되어 왔던 것이다. 최근에 화제가 되고 있는 것은 유전자를 조작하여 여러 가지 유전자 조성을 가진 생물을 인공적으로 만들려는 유전자 조작 또는 유전자공학이다. 먼저 유전자 조작에 대한 이야기부터 하겠다.

유전자 조작에는 DNA를 절단하는 가위와 DNA를 접착하는 풀이 필요하다. 이 가위의 구실을 하는 것은 제한효소(制限酵素)라 불리는 것으로, 현재까지 수백 종류가 미생물로부터 추출되어 시판되고 있다. 이 제한효소는 종류마다 DNA 위의 절단 위치, 즉 작용하는 염기배열이 결정되어 있으므로 목적에 따라 가려 쓰지 않으면 안 된다.

왜 생물은 이런 제한효소 등을 갖고 있을까? 그것은 역시 살아가기 위한 수단으로 외적을 이것으로 막고 있는 것이다. 외부로부터 침입해 오는 바이러스 등 침입자의 DNA를 파괴하여 몸을 보호하는 것이다. 그러나 자신의 DNA는 분해하지 않는다. 자신의 DNA 속에도 가위의 날이 닿을 만한 염기배열이 포함되어 있으나 거기에는 모두 제동이 걸려 있다.

다음은 풀효소인데, 이것은 DNA의 절단면을 결합하는 작용을 한다. 이 효소는 세포에 반드시 포함되어 있으며 중요한 역할을 하고 있다. 세포에서는 끊임없이 DNA가 합성되고 있는데, 고등생물과 같이 긴 DNA가 되면 빠르게 합성을 완료하기 위해 DNA 위의 많은 곳에서 일제히 DNA 합성을 시작한다. 그때 최후에 남은 접합 부분을 풀효소가 접속하고 있다. 이 효소는 리가아제라 불리며 시판되고 있다.

유전자 조작

가위와 풀이 갖춰지면 시험관 속에서 DNA를 자르거나, 잇거나 자유로이 조작할 수 있다. 그래서 다음에는 어떤 목적하는 유전자를, 이를테면 인간의 DNA를 잘라내 그것을 세균의 세포 속에 넣는 것을 생각해 보자. 인간의 DNA를 세균에 넣는 데는 해결해야 할 여러 가지 문제가 있다.

우선 넣어 보낸 DNA가 세균의 제한효소에 의해 금방 파괴되어 버려서는 안 된다.

둘째는 그 DNA가 무사히 사람과 다른 세균의 세포막을 통과하여 속으로 들어갈 수 있느냐가 문제이다.

셋째는 운 좋게 세균 속으로 들어가더라도 세균은 증식하기 때문에 그 들어간 DNA도 숙주인 DNA와 맞추어 복제를 계속해 가지 않으면 안 된다. 만약 그렇지 않다면 들어간 DNA는 세포분열과 더불어 희석되어 없

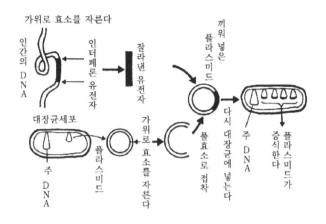

그림 43 | 인간의 유전자를 대장균에 이식하여 증식한다

어져 버릴 것이다.

넷째는 1~3까지가 잘 진행되었다고 하더라도 인간의 유전자가 세균의 세포 속에서 작용하여 단백질 등을 합성해 주지 않으면 의미가 없다.

다섯째는 욕심껏 말하면 그 유전자가 합성한 단백질을 세포의 외부로 배설해 주면 고마운 노릇이다. 세포를 파괴하여 그 단백질을 끌어내는 수고를 덜어주기 때문이다.

플라스미드

1에서 3까지는 편리한 방법이 있다. 대개의 미생물의 세포 속에는 모든 유전자를 포함하고 있는 주 DNA 외에 작은 단편과 같은 DNA가 포함되어 있다. 그림에 있듯이 이 플라스미드를 세균에서 끌어내 가위효소를 사용하여 자를 금을 새긴다. 그리고 따로 잘라낸 인간유전자를 여기에 끼어 풀효소로 접합한다. 이 경우 인간의 유전자와 플라스미드에는 같은 가위효소를 사용한다. 양쪽의 단면이 딱 들어맞기 때문이다.

또 이 플라스미드는 같은 종류의 세균으로부터 추출한 것이므로 세포 속에 들어갔을 때 가위효소로 파괴되는 일은 없다. 따라서 숙주세균 속에서 충분히 복제할 수 있다. 조건만 잘 맞으면 이 플라스미드는 1개의 세포 속에서 수천 배로 증식할 수 있다. 유전자의 수가 불어나면 그만큼 생산되는 단백질도 많은 셈이므로 능률이 좋은 것이다.

난관은 네 번째 문제이다. 모처럼 인간의 유전자를 세균세포 속으로 넣어 보내도 핵심의 유전자가 제 기능을 발휘하지 않으면 아무 소용이 없다. 그런데 실제는 기능을 하지 않는 예가 많다. 암을 억제한다고 말하는 인터페론이나 당뇨병을 고치는 인슐린의 생산 등은 잘 성공한 예이다.

다섯 번째의 문제에서 어떤 종류의 세균이나 세포는 대량의 단백질을 외부로 배출(분비)한다.

44. 식물의 광합성 구조

지구의 푸르름

푸르게 보이는 지구의 대지는 삼림이 가장 넓은 약 30%의 지역을 차지하고, 경작지와 초지(草地)가 그다음이다. 이렇게 푸른 대지에서 얼마만한 광합성이 이루어지고 있는지 계산해 보면, 탄소량으로 환산하면 연간 약 170억 톤에 달한다. 사막지대의 면적은 삼림의 그것과 거의 맞먹기 때문에, 지구상의 사막 전부를 삼림으로 바꿔 놓을 수가 있다면 그 값은 능히 200억 톤을 넘을 것이다.

그런데 육상식물에 의한 광합성의 총량은 해조(海藻) 등 바다의 식물에 의한 광합성 총량의 10분의 1에 지나지 않는다고 한다. 물의 행성이라 일컬어지는 지구는 바다의 면적이 전체 지구 표면의 70%를 차지하고 있는데, 그렇더라도 바다에서의 광합성량의 규모에는 놀랄 따름이다.

녹색식물은 또 광합성의 부산물로서 산소를 대기로 방출하고 있다. 그 양은 지상식물만으로 연간 약 1000억 톤에 달하고 있다. 그 양은 대기와 해양에 포함되어 있는 산소의 0.05%에 해당한다고 하므로, 지구 위의 산소를 모조리 교환하는 데는 약 2000년이 걸린다는 계산이 된다. 이렇게 되면 지구의 어딘가에 2000년 전의 산소가 남아 있을지도 모를 일이다.

잎의 푸르름

막대한 광합성도 근본을 캐면 한 그루 식물의 잎 세포에 내포되어 있는 세균만 한 크기를 가진 엽록체 속에서 이루어지고 있다. 그런데 엽록체는 수가 대단히 많아 잎면 $1mm^2$당 5만 개나 들어 있다. 식물의 잎이 녹색으로 보이는 것은 이 엽록체에 포함된 클로로필이라 불리는 태양빛을 흡수하는 색소 때문이다. 그 밖에 엽록체에는 카로틴(주황색)이나 크산토필(황색) 등의 색소도 포함되어 있어 광합성 때 빛을 흡수하는 데 도움을 주고 있다. 10월의 늦은 가을이 되면 상록수를 제외한 나무들은 푸르름을 상실하고 대신 멋진 단풍이 든다. 이 계절이 되면 식물의 잎세포에서는 클로로필이 분해되어 여태까지 녹색에 가려져 있던 카로틴과 크산토필의 황등색이 겉으로 나타난다. 또 분홍색의 안토시아닌의 합성이 일어나면 잎은 붉은 잎으로 바뀐다.

이와 같이 식물의 잎세포에는 많은 종류의 색소가 포함되어 있는데 이것은 태양으로부터 오는 연속적인 파장의 색깔을 낭비 없이 광합성에 활용하기 위한 것이다.

녹색식물은 이 색소에 의해 흡수된 빛을 강력한 에너지로 삼아 그것을 써서 이산화탄소를 도입해 물과 반응시킨다. 그 결과 포도당과 산소가 생산된다. 따라서 식물체에 쬐어지는 빛이 강해질수록 광합성이 잘 진행된다. 흥미롭게도 쬐는 빛을 약화시켜 가면 식물은 이산화탄소를 흡수하지 않게 되고 산소도 배출하지 않게 된다. 그러나 광합성은 하고 있다.

이것은 호흡에 의해 배출되는 이산화탄소와 산소가 양적으로 균형을

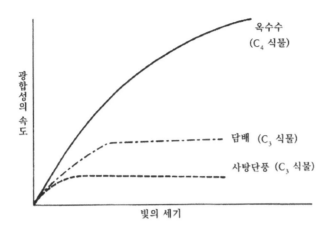

그림 44 | 광합성 능력의 차이

이루고 있고, 몸속에서 가스의 주고받음이 이루어지고 있기 때문이다. 따라서 식물체의 외부에서 측정하고 있는 한에서는 가스의 드나듦이 없다.

녹색식물 중에는 광합성 능률이 높은 것과 낮은 것이 있다. 높은 것은 C_4 식물이라 불리며 옥수수와 벼과의 대부분이 이에 속한다. 낮은 것은 C_3 식물이라 불리며 보통의 식물은 대부분이 이에 속하고 있다. 그림에 나타냈듯이 C_3의 담배나 사탕단풍과 비교하여 C_4의 옥수수는 같은 세기의 빛 아래서도 훨씬 높은 속도로 광합성을 한다. 그리고 C_4 식물은 빛을 강하게 할수록 자꾸 광합성 속도가 올라가지만, C_3 식물은 어느 일정한 강도 이상에 이르면 광합성은 보합상태가 되어 버린다.

우주식량

온도에 대해 살펴보면, 광합성의 최고속도는 C_4 식물이 C_3 식물보다 높은 수준에 있다. 따라서 C_4 식물은 열대와 같이 빛이 강하고 고온인 지역에서 태어나 적응해 온 것이리라. 또 작물로서도 뛰어나다고 할 수 있다.

클로렐라는 단세포로 생활하는 식물이다. 큰 엽록체 1개를 내포하고 있는데, 광합성 능률이 아주 높고 성장이 빠른 것으로 알려져 있다. 클로렐라는 적당한 수조에서 계절과 관계없이 배양할 수 있기 때문에 이것을 우주기지에서의 식량으로 하려는 계획이 있다. 우주에서는 태양빛을 충분히 얻을 수 있고, 인간의 배설물을 비료로 쓸 수 있다. 클로렐라가 광합성에 의해 방출하는 산소를 인간이 이용하고, 인간이 뱉어내는 이산화탄소는 클로렐라가 광합성에 사용한다는 식으로 클로렐라와 인간 사이에 영양순환을 진행할 수 있다면 이상적인 생태계가 될 것이다. 클로렐라는 단백질의 함량도 높고, 기타 영양적으로 매우 뛰어난 식량이지만 문제는 양자의 양적 균형일 것이다. 거기에다 과연 인간이 매일 클로렐라만 먹고 살 수 있느냐는 것도 큰 문제일 것이다.

45. 몸의 항상성

환경으로부터의 독립

생물은 언제나 외계의 변화에 드러나 생활하고 있다. 그중에도 단세포
생물은 직접적으로 외계의 변화를 받고 있다. 진화하여 다세포화가 진행
되면 몸의 내부 쪽의 세포는 표면의 세포와 비교하여 외계로부터 받는 영
향이 적어진다. 즉 생물의 몸은 되도록 환경으로부터 독립하여 항상성(恒
常性)을 유지할 수 있는 방향으로 진화하고 있다.

지금 단세포생물은 외계의 영향을 직접 받는다고 말했으나 그래도 세
포를 감싸는 세포벽이나 세포막은 내부의 세포질을 보호하는 데 도움을
주고 있다. 또 세포질 속에도 여러 가지로 구획이 되어 있어 그 내부의 항
상성을 유지하도록 구조가 만들어져 있다. 이를테면 세포에서 가장 중요
한 DNA는 그 중앙부에서 이중의 핵막에 둘러싸인 핵 속에 있으며, 핵을
갖지 않은 세포에서도 DNA는 중앙부에 모여 외계로부터 멀어지는 경향
이 있다.

고등동물이 되면 환경상태가 변동하더라도 체온을 비롯해 신체의 삼
투압, 혈액 속의 무기염이나 포도당의 농도 등이 일정하게 유지되는 구조
로 만들어져 있다. 이것을 유지할 수 없을 만큼 외계의 상태가 엄격해지

면 좋은 환경으로 이동할 수도 있다. 고등동물의 몸에서는 내부의 항상성을 유지하기 위해 신경이나 호르몬이 큰 역할을 하고 있다. 신경에는 내장의 기능을 촉진하는 것과 억제하는 것이 있어 양쪽으로부터 조절하고 있으며, 또 호르몬의 분비를 조절하는 기능이 갖추어져 있다. 이 호르몬에도 내장의 기능을 촉진하는 것과 억제하는 것이 있어 정상상태를 유지하도록 되어 있다.

신경의 기능

한 예를 들어 보자. 지금 혈압이 비정상적으로 높아지면 동맥의 벽이 확장되는데, 그 정보는 신경을 통해서 연수(延髓)로 전달된다. 그러면 이번에는 연수로부터의 지령이 역시 신경을 통해서 심장에 전달되고 심장의 움직임을 약하게 한다. 또 한편에서는 말단의 동맥에도 그 지령이 전달되어 동맥의 벽을 이완시켜 혈압을 저하시킨다. 이와 같이 신체의 부분과 중추 사이에는 신속하게 정보교환이 이루어져 신체의 항상성을 유지하도록 늘 조정이 이루어지고 있다.

이와 같은 신경의 기능은 본인의 의지와는 관계없이 생각지도 않는 사이에 이루어지는, 말하자면 자동 기계인 것이다. 특히 교감신경(交感神經)이라 불리는 신경은 다른 동물의 공격을 받았을 때나 위급히 도주할 때 무의식적으로 흥분하여 급격한 운동에 필요한 골격근(骨格筋)에 혈액이 집중하도록 기능한다.

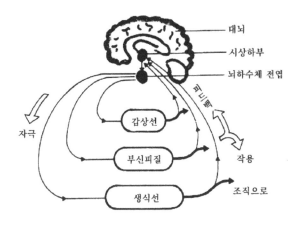

그림 45 | 신체의 자동조절기능

호르몬은 신경처럼 재빠르게 체내를 돌아다닐 수 없으므로 그다지 급하지 않는 구조 속에서 작용하고 있다. 이를테면 성장을 촉진한다거나 생식기관의 발달이라든가, 혈액 속의 당량(糖量)을 조절하는 등의 역할을 하고 있다. 특히 뇌하수체(腦下垂體)라고 불리는 뇌 밑에 드리워져 있는 소기관은 뇌의 지령 아래 갖가지 호르몬을 분비하고 있다. 이와 같이 동물의 몸에는 신경과 호르몬에 의한 여러 겹의 연계에 의해 정상을 유지하려는 구조가 갖추어져 있다.

면역

동물의 몸은 외계를 감지하는 면역(免疫)이라는 중요한 구조를 가지고 있다. 면역이란 글자 그대로 병을 면한다는 것으로, 병원균으로부터 몸을 보호하는 것을 말한다. 한 번 홍역에 걸리면 일생 동안 다시 이 병에 걸리는 일이 없다. 이것은 맨 처음 홍역에 걸렸을 때, 그 홍역 바이러스와 싸워 그것을 해가 없는 것으로 바꿔버리는 항체(抗體)라는 물질이 혈액 속에 만들어졌기 때문이다. 항체는 임파절이나 골수, 비장 등에서 만들어지고 혈액으로 보내진다. 백신은 독성을 없앤 병원균이나 바이러스를 몸에 넣어 그것들의 항체를 만들게 하는 목적으로 쓰이고 있다. 몸이 이와 같은 항체를 만들어 내는 데는 매우 복잡한 과정이 있다. 그 과정에서 최초로 일어나는 반응은 지금 몸속으로 들어온 것이 적이냐 아니냐를 감지하는 일이다. 이를테면 수혈할 때 혈액형을 맞추는데, 이것도 몸에는 면역반응이 있기 때문이다. 생각해 보면 이와 같은 자기와 남을 구별하는 능력은 아무리 하등한 생물이라도 모두 지니고 있다.

식물은 얼핏 보기에는 조용해 보이지만 이것도 외계의 변화에 반응하여 자신의 몸의 항상성을 유지하는 능력을 갖고 있다. 그것은 주로 식물호르몬의 작용에 의한다. 식물호르몬은 줄기의 꼭지 끝, 뿌리 끝, 잎 등 일정한 부위에서 만들어져 몸속을 이동하여 여러 부분에서 성장이라든가 분화의 결정에 관여한다.

꽃에는 봄에 피는 것과 가을에 피는 것이 있다. 이것은 꽃눈이 형성될 때 낮과 밤의 길이에 지배되는 식물이 있기 때문이다. 봄에 꽃을 피우는 것은 밤이 짧은 것을, 가을에 꽃을 피우는 것은 밤이 긴 것을 좋아한다.

46. 대기 질소의 동화

질소비료

작물을 재배하는 데 필요한 3대(무기) 비료는 질소, 인산, 칼리(칼륨)이다. 그중에서도 질소는 생물의 몸을 만드는 원소의 1% 정도를 차지하여, 인산이나 칼리보다 다량으로 필요로 한다. 그것은 몸을 만들고 있는 단백질이나 핵산(DNA와 RNA)이 질소의 화합물이기 때문이다.

질소비료로서 주어지는 것은 암모니아염이거나 질산염이며, 이들은 작물의 뿌리로부터 흡수된다. 그러나 질산염은 일단 암모니아염으로 바뀐 후 단백질 등 유기질소화합물에 들어가게 된다. 여러분도 황산암모늄이라는 질소비료의 이름을 들어본 적이 있을 것이다.

공기는 5분의 4가 질소가스(N_2)로 이루어져 있다. 그런데도 작물을 재배하는 데는 왜 질소비료가 필요할까? 그것은 고등식물은 모두 N_2형의 질소를 사용할 수가 없기 때문이다. N_2형 질소를 이용할 수 있는 생물은 클로스트리듐, 아조토박터, 리조븀이라는 세균을 비롯하여, 염주말(念珠藻)이나 아나베나 등의 남조들로서, 말하자면 극히 하등한 것에 한정되어 있다.

콩이나 자운영 등의 콩과작물에는 질소비료가 필요하지 않다는 것이 잘 알려져 있다. 특히 자운영은 작물의 질소 녹비로 고대 중국에서부터 이용되고 있었다. 자운영은 단백질량이 많기 때문에 일본에서도 예로부터 가축의 사료로 재배되었다는 기록이 있다. 아마 중국으로부터 전해진 기술일 것이다.

왜 콩과식물에는 질소비료가 필요하지 않을까? 그것은 콩과식물에 한해서만 그 뿌리에 리조븀이라는 세균이 공생하고, 이것이 대기 속의 질소 가스를 암모니아로 바꾸어 숙주인 콩과식물에 공급하고 있기 때문이다. 콩과식물의 뿌리에 이 세균이 공생하면 거기에 혹을 만들기 때문에 이 세균은 흔히 뿌리혹박테리아라고도 불린다.

식물에 공생하는 공기 질소 이용세균에는 이 밖에도 더 있다. 스트렙토미세스 아르니라는 세균은 오리나무 등에 잘 공생한다. 오리나무는 사태가 일어난 뒤의 황폐한 땅에 사방을 위한 목적으로 흔히 식목된다. 그것은 뿌리에 공생한 이 공기 질소 이용세균의 덕분으로 질소비료를 주지 않아도 메마른 땅에서 잘 자라기 때문이다. 더구나 오리나무는 거목이 되기 때문에 기둥 등의 재목으로도 많이 사용된다. 이 나무는 골짜기의 냇가에서 잘 자라고 있으므로 여러분도 유심히 살펴봐 주기 바란다.

콩과식물

리조븀이라는 세균은 굳이 콩과식물과 공생하지 않아도 독자적으로 공기 중의 질소를 이용할 수 있어 자유로이 살아갈 수 있다. 그러나 이 식물의 뿌리 쪽으로부터 리조븀을 잘 유인해내는 물질을 방출하기 때문에 이것에 끌려 그들은 뿌리로 모여든다. 그러나 어떤 콩과식물의 유인에도 다 응하는 것은 아니며, 리조븀의 종류에 따라 상대를 정하고 있는 것 같다. 콩균은 콩에만, 완두균은 완두콩에만 응한다. 따라서 유인을 받아 설사 뿌리로 모여들어도 상대가 다르면 뿌리의 조직 속으로는 들어가지 않는다. 입구에서 협의가 이루어지면 리조븀은 뿌리의 조직 속으로 들어가 그곳에 주거를 정한다. 이것이 곧 뿌리혹이다.

남조

남조(藍藻)는 굉장한 생활력을 지닌 생물이다. 남조는 우선 공기 속의 이산화탄소와 물로부터 광합성에 의해 포도당을 비롯한 여러 가지 유기물을 합성할 수 있다. 다음으로는 공기 속의 질소가스를 흡수하여 유기질소화합물을 합성할 수도 있다. 즉 완전한 독립영양법을 몸에 지니고 있다.

남조는 식물의 조상에 해당하는 셈이므로 고등식물도 이와 같은 남조의 훌륭한 성질을 모조리 이어받았더라면 좋았을 터인데, 진화과정의 어딘가에서 공기 질소의 이용능력은 이어받지 못하고 말았다. 그러므로 고등식물은 광합성 능력밖에 없다. 아마 식물진화의 역사 도중에 암모니아 상태의 질소나 질산 상태의 질소가 풍부하게 공급되어 공기 질소를 이용할 필요가 없었던 시대가 있어, 거기서 공기 질소의 이용 능력을 상실하게 되었는지도 모른다.

그림 46 | 콩과식물의 뿌리혹

콩과식물은 뿌리의 리조븀을 잘 활용하고 있는 것 같다. 자신의 광합성량에 맞추어 필요한 양의 질소를 공기 속으로부터 흡수하고 있다.

동물 중에는 남조를 자신의 몸속에 살게 하여 사이좋게 공존하고 있는 것이 많다. 이렇게 하면 자신은 마치 식물처럼 평안하게 살아갈 수 있다.

현재 지구상의 식물의 번성은 토양 속의 암모니아 등 질소 영양의 양에 크게 지배되고 있다. 만약 모든 식물에 대기 질소를 이용하는 능력이 있었더라면 지구 환경은 훨씬 더 풍요로워졌을 것이다.

47. 클론생물

클론이란?

바이오테크놀로지의 용어로 최근에 클론동물, 클론식물, 나아가서 SF에서는 클론인간이라는 것이 등장하고 있다. 어원적으로 클론(Clone)이란 식물의 잔가지의 모임이라는 뜻이다.

한 그루의 나무를 살펴보자. 줄기로부터 잔가지가 많이 나 있는데, 어느 것도 같은 줄기에서 가지가름을 한 같은 종류이다. 이것에서부터 똑같은 유전자를 가진 균일한 생물집단에 대해서 클론동물이니 클론식물이니 하는 말이 쓰이게 되었다. 수컷과 암컷이 교배해서 태어난 자손은 양친의 어느 쪽과도 다른 유전자 조성을 하고 있으므로 이런 것은 클론이 아니다. 바꿔 말하면 클론생물을 만드는 데는 성(性)에 의하지 않고, 말하자면 무성적(無性的)으로 생물의 개체를 증식시키지 않으면 안 된다.

지금 세포 1개를 배양액에 심어 적당한 온도로 유지해 두면, 그 세포는 자꾸만 증식해 간다. 이때 이 세포집단은 클론세포라고 말할 수 있다. 그것들은 세포분열만으로 증식한 것이며, 유성생식(有性生殖)이 아니기 때문이다.

클론식물

예를 들어 한 그루의 포도나무로부터 잔가지를 많이 잘라내어 그것들을 삽목해 두면, 심은 잔가지로부터 새로운 뿌리가 돋아난다. 그리고 어느 것도 다 훌륭한 한 그루의 포도나무가 된다. 이 포도나무의 유전자 조성은 잘라낸 어미그루터기와 완전히 같은 클론 포도나무이다. 실제로 예로부터 우량품종의 포도, 무화과나무 등의 과수나 국화, 베고니아, 카네이션 등의 화초, 뽕, 차(茶), 삼나무 등의 수목을 증식할 때는 이 삽목법이 취해지고 있다.

이것과 비슷한 클론식물을 만드는 방법에 접목이 있다. 적당한 접본(接本: 접목의 바탕이 될 나무) 위에 목적하는 수목의 접붙이 묘목을 접합하여 고정해 두면 양쪽 나무가 접합하여 한 그루의 나무로 된다. 그래서 품종이 우량한 과수로부터 잔가지를 많이 잘라내어 이것을 접붙이기 묘목으로 하여 적당한 접본에 접합하면 클론과수가 많이 만들어진다. 현재의 과수원에서는 거의 이 방법으로 훌륭한 과일을 생산하고 있다.

미국의 스튜어드(F. C. Steward)는 당근 뿌리의 일부에서 하나하나 떼어낸 많은 세포를 따로따로 배양하여 시험관 속에서 어린 당근으로까지 키워, 이것을 흙에다 옮겨 심었더니 훌륭한 당근으로 성장해 꽃이 피고 씨앗을 맺었다.

이러한 클론작물의 제조법은 농업에 있어 두 가지 큰 이점이 있다. 우선 하나는 당근의 발생 출발점이 체세포이므로 어느 것이나 다 같은 유전

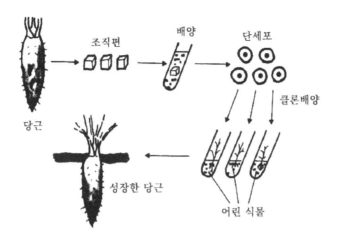

그림 47 | 클론 당근의 증식방법

자 조성을 지니며, 따라서 품질이 일정하다. 더구나 몇천 그루든 몇만 그루이든 같은 품질의 것을 만들 수가 있다. 씨앗으로부터 자란 작물은 한 그루 한 그루 유전자 조성이 달라 품질이 일정하지 않다. 둘째는 당근을 재배하는 시간을 두드러지게 단축할 수 있다. 이를테면 자연 농법이라면, 어떤 품종은 이른 봄에 씨앗을 뿌려 가을에 수확하고, 다시 이듬해 봄에 씨앗을 뿌리는 식으로 매년 한 번의 주기로밖에 재배하지 못한다. 그러나 클론법이라면 어린 식물까지는 실내에서 대량으로 재배할 수 있고, 온실을 사용하면 1년 내내 당근을 수확할 수 있다.

클론동물

그렇다면 클론동물은 어떨까? 이것은 식물처럼 간단하지 않다. 그것은 다음과 같은 이유 때문이다. 수정란으로부터 발생한 동물세포는 극히 초기, 즉 2~3회의 분열 정도이면 토막토막으로 잘라내도 각각은 성체로까지 자라지만, 그 이후가 되면 세포의 운명이 결정되어 버린다. 당근의 경우는 성체가 된 후에도 잘라낸 세포는 다시 처음부터 재출발하지만, 동물에서는 그렇게 안 된다. 동물세포는 일단 분화하면 결코 본래대로 돌아가지 않는다. 여러분도 동물에서는 접목이나 삽목과 같은 이야기는 들어본 적이 없을 것이다.

클론동물을 만드는 데는 아무래도 알에서부터 출발하지 않으면 안 된다. 아프리카청개구리의 미수정란을 많이 모아 가지런히 놓고 여기에 자외선을 쬐어 핵을 죽인다. 다음에 그 개구리의 체세포로부터 핵만 추출하여 알에 이식한다. 그러면 발생이 진행되어 클론 개구리가 수없이 자라게 된다.

또 인간에게서 일란성 쌍둥이는 한 개의 수정란으로부터 2개체가 태어난 것이므로 유전자의 조성은 똑같다.

자연계의 생물에서도 미수정란에 어떤 종류의 자극을 주면 발생을 시작한다. 전문적으로는 단위생식(單爲生殖)이라든가 처녀생식(處女生殖)이라 불리는 현상이다. 동물계에서는 꿀벌, 꽃벌, 바퀴, 진디, 물벼룩 등이, 식물계에서는 약모밀, 오리나무, 개망초, 서양민들레 등이 잘 알려져 있다.

48. 동물과 식물의 차이

동식생물

동물과 식물이 진화 역사상 언제부터 갈렸는지 확실하지 않으나 진핵 단세포 시대였던 것은 확실하다. 특히 편모충류가 분기점이 되었던 것으로 생각한다. 분류학에서도 이 부류에 속하는 생물군은 제대로 분류하지 못하고 동물학에서는 동물로서, 식물학에서는 식물로서 다루고 있는 형편이다. 엽록체를 가지고 광합성을 하며, 편모를 써서 활발하게 운동도 하는 식물성 편모충류가 그것이다. 한편 엽록체를 갖지 않고 편모운동을 하는 동물성 편모충류는 분명히 동물에 넣어도 될 것이다.

이보다 더 진화한 단계로 나아가면, 식물은 광합성을 중심으로 한 독립영양의 생활양식으로 일관한다. 동물은 광합성을 못하므로 식물 또는 다른 동물로부터 유기영양을 취하는 종속영양의 생활양식이 발달해 간다. 그리고 그 생활을 수행하기 위해 행동력이 더욱 뛰어나야 한다. 쉽게 말하면 식물은 움직이지 않는 생활로 들어가고 동물은 움직이는 생활로 진화해 간다. 모든 신체 구조가 이 두 방향으로 진화하여 갈라져 가는 것을 잘 알 수 있다.

생물계는 진화할수록 세포당 DNA양이 급속히 증가한다. 지금 고등식물과 포유류 사이에서 그것을 비교해 보면, 고등식물세포의 DNA 함량은 포유류 세포의 절반 이하밖에 안 된다. 최근의 연구에 의하면 세포에 함유되는 DNA 중에는 도움이 되고 있지 않는 것으로 생각되는 염기배열이 상당히 많으며, 특히 고등생물이 될수록 그 비율이 증가한다. 그러나 그것을 고려하더라도 식물의 유전정보량은 동물보다 상당히 적은 것 같다. 바꿔 말하면 동물은 유전자의 종류가 많고, 몸이 복잡한 구조를 가졌다고 하겠다.

단세포 시대의 출발점은 동식물 모두 같았으나, 동물계로 들어가면서 그만큼 유전정보가 발전해 온 것이다. 식물은 동물과 달리 광합성을 할 수 있으므로, 광합성과 관련된 유전자를 다수 가지고 있는 것처럼 보이기도 하지만, 전체적으로 보면 동물 쪽이 많은 기능을 지니고 있다.

세포의 분화

생명의 기초로서의 세포를 동물과 식물 사이에서 비교해 보자. 기본적인 구조나 기능에는 차이가 없다. 그것들은 동물과 식물로 갈라지기 이전의 세포가 지니고 있었던 것을 거의 그대로 유지하고 있다. 그리고 그 후의 진화로 인해 동물에게는 동물의 독특한 분화가, 또 식물에는 식물의 독특한 분화가 그것에 첨가되었다.

이들 세포의 분화는 각각의 발생 과정 가운데서 나타나고 있다. 우선 동물에서도 식물에서도 몸이 형성되는 출발점은 단세포의 수정란이다.

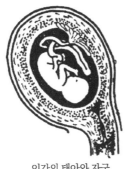

인간의 태아와 자궁

냉이의 씨앗

그림 48 | 동물과 식물의 발생

이것은 알과 정자의 수정에 의해 탄생한다. 수정란은 세포분열에 의해 세포수를 증가하는데 세포는 그저 모여서 덩어리를 만드는 것이 아니라 정확하게 일정한 배치를 취하게 된다.

식물에서는 수정란이 분열을 계속하면 먼저 씨앗을 만든다. 씨앗 속을 쪼개보면 어린싹, 줄기, 잎, 뿌리 등이 이미 생겨 있고, 그것은 단단한 껍질(종피)에 의해 감싸여 있다. 또 씨앗 속에는 장래 발아하면서부터 한 몫의 식물이 되어 살아갈 수 있게 되기까지에 필요한 영양물질이 가득 차 있다.

씨앗

이 씨앗이라는 것은 식물의 특유한 특징으로 동물에는 없다. 이것은 움직이지 못하는 식물의 중요한 적응의 산물이다. 씨앗은 성숙하여 대지에 떨어지면, 발아하기 전에 수분이 충분한가, 온도가 적당한가 등 여러 가지로 외계의 상태를 판단한다. 이때 만약 좋은 조건이라면 발아하지만 조건이 나쁘면 언제까지고 시기가 올 때까지 발아를 유보한다. 2000년 만에 흙 속에서 발견된 연꽃 씨앗이 훌륭하게 자란 예가 있다.

동물의 발생은 수정란이 분열을 시작하고부터 출산하기까지 연속적으로 진행된다. 식물의 씨앗처럼 쉴 사이가 없다. 포유동물이라면 발생의 전체 과정이 모체의 자궁이라는 보호된 환경 속에서 진행되어 간다. 그리고 출생한 후에도 충분한 보살핌 속에서 키워진다. 특히 인간은 아이를 잘 보호하며 스무 살이 되어야 비로소 성인이라 부른다. 동물은 진화할수록, 또 인류는 문화 정도가 높은 사회일수록 성숙하기까지의 기간이 길어지는 경향을 볼 수 있다.

반면 식물의 자손에 대한 보육은 거의 자연에 내맡겨져 있다. 그러므로 놀라울 만큼 많은 자손(씨앗)을 만들지만 성체로까지 자라는 것은 아주 소수이다.

49. 바이러스는 생물인가?

바이러스란?

바이러스는 비루스라고도 불리고 있다. 이것은 발음의 차이일 뿐 같은 말이다. 바이러스(Virus)란 "독"이라는 뜻으로 후에 병원체(病原體)를 뜻하는 말로 쓰이게 되었다. 바이러스는 또 세균도 통과시키지 못할 만큼 작은 구멍도 빠져나가는 매우 작은 병원체이므로 전에는 여과성 병원체라고 불리고 있었다. 현재는 인간 등의 고등동물뿐만 아니라 식물, 곤충, 곰팡이, 남조 나아가서는 세균조차도 바이러스에 침범당하고 있다는 것을 알고 있다. 바이러스의 침입을 받지 않는 것은 바이러스 자신뿐이라고 생각될 정도이다.

바이러스는 본래 매우 작은 것이다. 특히 소아마비의 병원체인 폴리오바이러스는 작아서 세균의 50~100분의 1 정도의 크기밖에 안 된다. 한편 천연두 바이러스의 무리인 박티니아바이러스는 훨씬 커서 폴리오바이러스의 10배 정도이다. 어쨌든 바이러스는 보통의 광학현미경으로는 전혀 관찰할 수 없다. 관찰에는 수만~수십만 배로 확대할 수 있는 전자현미경이 사용되고 있다.

바이러스의 유전자

바이러스는 어느 것이건 유전자를 갖고 있다. 그러나 그것은 DNA나 (DNA바이러스), RNA(RNA바이러스) 어느 한쪽만 가지게 된다. 종류에 따라 형태는 갖가지이지만 바이러스는 껍질에 감싸여 있고 그 속에 유전자가 들어 있다. 그림에는 여러 가지 바이러스의 외형을 보였는데 (i)에 보인 것은 세균을 전문으로 공격하는 T₂파지라고 불리는 바이러스이다. 마치 인공위성처럼 다리가 6개 있고 허리가 있고 머리가 있다. DNA는 이 머리 속에 들어가 있다.

바이러스가 세포로 침입하면 거기서 왕성하게 증식하여 많은 새끼바이러스를 만든다. 그리고 새끼바이러스들은 세포를 물어 찢거나 조용히 거기서 나와 다시 다음 세포를 공격한다. 이런 상태는 세균의 바이러스인 T₂파지에서 매우 자세히 조사했다.

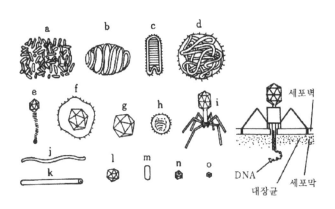

그림 49 | 여러 가지 바이러스

T$_2$파지는 세균세포의 표면에 마치 인공위성이 달에 착륙했을 때와 마찬가지 모양으로 착륙한다. 먼저 다리를, 다음에는 허리를 세포벽 위에 내린다. 그러면 속으로부터 파이프가 나와 볼링을 시작한다. 이것은 파이프로부터 세포벽을 녹이는 효소를 방출하여 구멍을 뚫어가는 것이다. 이어서 스포이드 속의 잉크를 밀어내듯이 머리 부분에 있는 DNA를 이 파이프를 통해 세균세포 속으로 주입한다. 세포로 들어간 DNA는 이윽고 새끼 DNA를 만들기 시작하는데, 재미있는 일은 바이러스가 DNA를 복제하는 장치를 갖고 있지 않다는 것이다. 모두 세포의 장치를 빌려서 한다. 빌린다기보다는 강탈한다고 말하는 편이 적절할지 모른다.

세포 속으로 들어오는 것은 이 DNA뿐이므로 그 유전자의 작용에 의해 바이러스의 껍질 즉 머리, 동체, 다리가 만들어진다. 그리고 마지막에 부품의 조립과정으로 들어간다. 우선 따로따로 부품을 만들고, 마지막으로 그것들을 조립하여 자손을 만드는 방법은 마치 자동차 생산 공장의 양산과정과 마찬가지 방법이다. 실제로 T$_2$파지는 10~20분 사이에 400마리의 새끼를 만든다. 세포분열에서는 한 개의 세포가 2개가 되는 식으로 마치 수제품처럼 느리게 새끼를 만들지만, T$_2$파지의 경우는 공장에서 대량 생산하듯 하고 있다.

바이러스는 생물이 아니다

그런데 바이러스는 생물이라 할 수 있을까? 바이러스를 생물이라고 하려면 적어도 다음의 세 가지 조건을 만족시키지 않으면 안 된다.

(1) 자신이 증식하는 능력을 가졌을 것.
(2) 자신의 몸을 유지하기 위한 대사능력을 가졌을 것.
(3) 진화할 것.

우선 (1)의 조건을 생각해 보자. 바이러스는 증식은 하지만 스스로는 증식할 수 없다. 말하자면 세포로 하여금 증식하게 하고 있다. 둘째 조건은 어떨까? 바이러스에 따라서는 두세 가지 효소를 갖고 있으나 도저히 대사라고 말할만한 통합된 효소계열은 갖고 있지 않다. 그러나 셋째 조건에는 부합된다. 바이러스가 갖는 유전자에도 돌연변이가 일어나고 있으며 연달아 변종의 새끼를 만들기 때문이다.

이상의 세 가지 조건을 정리해 보면 결론은 「바이러스는 생물이 아니다」라고 할 수 있다.

바이러스는 어디서부터 태어난 것일까? 잘은 모르지만 아마 세균의 DNA나 RNA가 분리되어 독립한 것이라고 생각된다.

50. 과학과 사회

신

옛날 옛적 사람들은 어떤 기분으로 하루하루를 살아왔을까? 당시는 야생동물도 그다지 변화가 없는 위생 상태 속에서 생활하고 있었으므로, 병에 걸리는 일도 많아 아주 젊은 나이에 죽었을 것으로 생각된다. 더구나 태풍, 지진, 번개 등 사나운 자연도 공포로 다가와 두려운 나날을 보내고 있었을 것이다. 이럴 때 사람들은 자연의 도처에 신(神)이 있어, 신들의 노여움을 샀을 때 자연은 사납게 미쳐 날뛰고, 일기는 불순해지며, 질병을 유행하게 하는 것이라 생각하여 오로지 신에게 기도를 드렸다. 메소포타미아의 신화(神話) 가운데도 「신은 인간의 죄를 노여워하여 홍수를 일으켜 그곳의 인간들을 모조리 죽여 버렸다」라는 이야기가 있다.

고대 그리스에서는 이와 같은 자연 현상의 원인을 신에게서 찾는 것이 아니라 자연 그 자체에서부터 찾아내려는 새로운 철학이 나타났다. 그러나 이 시대가 지나고 지금으로부터 2000년 전경, 이 자연과 우주에 존재하는 일체의 것과 생물에게는 각각의 종류마다 신의 섭리가 함께 하여 창조되었다고 하는 일신교(一神敎)의 그리스도교가 태어났다. 이 그리스도교 시대는 근대까지 계속되었다.

자연과학

그러나 지금으로부터 400년쯤 전부터 자연이나 생물이 신의 힘으로 만들어진 것이라고 하는 것에 의문을 품는 사람이 많이 나오게 되면서, 인간의 힘으로 그 구조를 조사해 보자는 이른바 자연과학이 탄생했다.

그 이후 관찰과 실험을 통하여 자연이나 생물의 구조를 하나하나 해명해 왔다. 그러자 갖가지 새로운 사실이 밝혀지는 동시에 자연과학자들은 그 구조를 인간의 생활에 활용하고 싶다고 생각하게 되었다. 거기서 자연이나 생명의 구조 자체를 알고자 하는 연구 분야인 기초과학과 인간 생활에 활용할 것을 목적으로 연구하는 분야 즉 응용과학이 나오게 되었다.

생명과학으로 말하면, 질병의 치료나 불로장수에 도움이 되는 의학과 약학, 인류의 식량 수확량을 늘리고 맛있게 또 효과적으로 확보하려는 농학, 생활환경을 좋게 하고 자연을 보호하며 또 공해가 없는 사회를 만들기를 목표로 하는 환경, 식품과학 등 갖가지 응용 분야가 현재 태어나고 있다.

선진국에서는 이들의 과학기술이 생활의 구석구석까지 침투하여 이미 자연과학으로부터 벗어나서는 생활이 불가능한 시대로 접어들었다. 그뿐 아니라, 미래에는 사회생활 속으로 더욱더 자연과학이 파고들 것이다. 여태까지의 사회는 거기에 사는 사람들의 풍속, 습관, 종교 등의 긴 역사 속에서 배양되어 온 문화에 의해 지탱되고 규제되어 왔다. 그러나 자연과학은 그러한, 말하자면 금기시되어 있는 성역에까지 끊임없이 침입

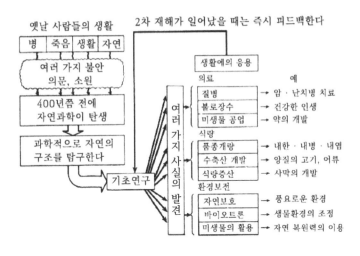

그림 50 | 과학과 사회

하여 사람들의 마음이 의지할 곳마저 빼앗을 기세이다. 또 과학기술이 사회에 침투하여 생활이 매우 풍요로워진 것은 확실하나, 모든 것이 고맙기만 한 것은 아니다. 과학의 부작용이랄까 이차적인 재해가 여기저기에서 발생하기도 한다.

식품이 부패되는 것을 방지하는 방부재를 보면, 그 살균력은 필요하지만 발암성이 있는 물질이 함유되어 있기도 하며, 수면제로도 뛰어나고 환자의 정신을 안정시키는 효력도 우수하지만 이것을 임신 중에 복용하면 기형아가 태어날 우려가 있는 것도 있다. 또 일상생활을 편리하게 하는 제품을 만들고 있는 공장에서 배출되는 연기가 공해를 가져온다든가, 그 밖에 헤아릴 수 없을 만큼 많은 이차적인 재해가 인간을 위협하고 있다.

앞으로의 과학

그럼 어떻게 해야 할까? 안심하고 마음을 풍요롭게 살아갈 수 있는 사회를 만들기 위해서는 아무래도 인간 중심으로 생각하지 않으면 안 된다. 그리고 그 인간 생활의 바탕이 되는 자연과 균형을 유지해야만 할 것이다.

자연과학은 본래 자연의 구조를 해명할 목적으로 시작된 것이다. 그러므로 그것은 양날의 칼로서의 성격을 지니고 있다. 그 칼을 좋게 쓰느냐 쓰지 않느냐 하는 것은 인간의 슬기로 생각하고 결정하는 일이다. 그러기 위해서는 자연과학자는 물론, 일반 사회의 사람도 언제나 자연과학이 나아가는 길을 지켜보지 않으면 안 된다. 그리고 일반 사람들도 과학을 이해하고 많은 지식을 갖지 않으면 안 된다.

바이오테크놀로지는 여태까지 자연에 없었던 새로운 인공생물을 만들어가고 있다. 이 인공생물이 자연으로 내던져진다면 생태적 밸런스가 크게 바뀔지도 모른다. 자손들로부터 「20세기는 악마의 세기였다」라는 비난을 받지 않도록, 좋은 세기를 물려주었으면 싶다.

이 책을 쓸 때 다음의 여러 책에서 사진을 빌려 썼다. 저자 및 출판사에 감사를 드린다.

Macleod, A. G., *Cytology*, The Upjohn Company, Michigan(1973) (圖3)

Yanagawa, H., et al., *J. Biochem.*, 87, 855(1980)(圖9)

Patterson, C., *Evolution*, The British Museum(Natural History)(1978) (圖26)

Fogg, G. E., et al., *The Blue Green Algae*, Academic Press, London(1973)(圖32)

Anderson, T. F., et al., *Ann. Inst. Pasteur,* 93, 450(1957).

小林義雄,『圖說菌類學』廣川書店(1985)(圖21)

大隔正子,『酵母の解剖』(柳島眞參他編), 講談社(1980)(圖32)

Broecker, W. S., *Chemical Oceanography*, Harcourt Brace Jovanovich, Inc.(1981)(圖33)

도서목록
- 현대과학신서 -

도서목록
- BLUE BACKS -